一部游刃社会的武功秘

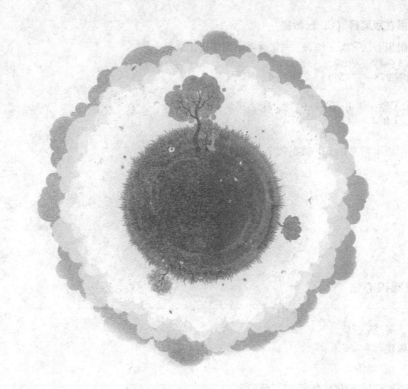

慧眼识心法

浩子 / 编著

中国华侨出版社

图书在版编目（CIP）数据

慧眼识心法 /浩子编著 . —北京：中国华侨出版社，
2012. 4
ISBN 978 - 7 - 5113 - 2249 - 4

Ⅰ. ①慧⋯　Ⅱ. ①浩⋯　Ⅲ. ①心理学 – 通俗读物
Ⅳ. ①B84 – 49

中国版本图书馆 CIP 数据核字（2012）第 042863 号

●慧眼识心法

编　　著/	浩　子
责任编辑/	骁　晖
经　　销/	新华书店
开　　本/	710 × 1000 毫米　1/16　印张 15　字数 200 千字
印　　数/	5001–10000
印　　刷/	北京一鑫印务有限责任公司
版　　次/	2013 年 5 月第 2 版　2018 年 3 月第 2 次印刷
书　　号/	ISBN 978 - 7 - 5113 - 2249 - 4
定　　价/	29. 80 元

中国华侨出版社　　北京市朝阳区静安里 26 号通成达大厦 3 层　　邮编 100028
法律顾问：陈鹰律师事务所
编辑部：（010）64443056　　64443979
发行部：（010）64443051　　传真：64439708
网　址：www. oveaschin. com
e - mail：oveaschin@ sina. com

前言

　　不管对方身为何种职业、身处何种职位，只要你拥有一双慧眼，能够窥探到对方的内心，你也就能够让自己拥有成就自我的机会。在科技与文化相融合的社会里，人与人之间的交往频繁而又密集，辨别他人内心世界的真伪与虚实、分析对方心绪与感触，也就成为交往中很重要的环节。当然，不管是你的上司还是你的同事，不管是你的朋友还是你的对手，你都要先知其心，后交其人，这样才能在适当的时机，找到适合的人，事情也会逢时则解。即便你的面前站着一位"重量级"的人物，对一个不懂得"看心"的人来讲，内心难免会感到惧怕，而对于一个拥有一双慧眼的人来讲，他则会坦然处之，因为他们可以看出对方的内心所想，从而做出让这些"重量级"人物感到钦佩的事情。深邃的眼睛往往是能够看透对方内心的慧眼，这对一个想要了解对方的人来讲是十分重要的。

　　识心是一门技巧更是一门艺术，这个技巧只有用心体会的人才能拥有和学得，不是每个人天生就懂得识心，也不是每个人天生就能够"读心"，要学会识心的一些技巧，这样也方便你领悟他人的内心。当然识心不仅仅是交际的艺术，也是心理学必修的艺术课。每个人的一举一动都是心里秘密的揭示。如果你能够真正地读懂他人的内心世界，找到打开对方内心真实世界的钥匙，那么你也就能够把握好对方的心理需求，从而避免自己做不该做之事，说不该说之言。要想了解一个人，着手点必然是了解对方的内心，而要认识对方的内心世界，挖掘对方内心的思想源泉，就要学会从很多方面入手，让你真正了解对方的内心世界，从而看清对方内心的虚伪与真诚，高傲与谦逊，帮助你了解对方，结交朋友，最终让你实现自我的成功。

不要不在乎对方的一举一动、一颦一笑，要知道这些事情都是对方表露心声的途径，在生活中，要看透同一表情的不同含义，看穿不同举动的同一内涵，结合不同环境、不同情况，这样你会很快领悟对方的所想所思，拥有一双慧眼，成为识心的高手，你会发现事情原来很简单，只是内心变得复杂了。

练就一双慧眼是你生活、工作的必修课。学着看透他人深藏心底的"秘密"，是你生活好、工作好的前提，并以此感化他人内心千年不化的顽冰，为自己的成功铺上一条红地毯，最终让自己"读"他人所不知的内心奥妙，"识"他人看不透的人心变幻。

著　者

目录

细节察人法——细节识人中的蛛丝马迹

要想了解一个人的内心世界，不是只靠你的交际能力就能实现的，而更要懂得用心地观察。观察是识人识心的主要方法之一，要学会观察的技巧和重点，从细节中窥探出别人的内心世界，从细微处了解别人内心世界的蛛丝马迹。善于了解别人的人，总是能够抓住细节，从细微之处做起，从而得到更多打开别人内心世界大门的钥匙，最终了解对方，实现自我的突破。

行为解人法——行为也是一种无声的语言

要想真正地了解对方的内心，那么就一定要关注对方的行为表现，并且深入地了解对方的行为意识，从对方的行为中把握好自己的思想重点。人们常说行为也是内心的一种很重要的表达。要想认清对方就要懂得对方的行为，通过行为来了解人。行动是人身上的一种无声的语言，我们要善于运用这种语言，也要善于用它来了解对方的思想，只有这样才能成就巧识别人内心的真实目的。

外表析人法——别说外表对识心没有任何意义

一个人的外表往往会承载很多个人的信息，通过外表来了解一个人的真实内心往往是十分重要的途径。或许你会说，看人不能只看外表，这也是很多人常说的一句话，但是你不得不承认，一个人的外表是十分重要的，因为外表往往会承载内心的很多信息，也只有你领悟出来这些信息才能够让自己成功地实现识心的目的。

目录 Contents

处世取人法——体味待人接物间的人性本真

在人际交往中，你会发现有的人很懂得如何接人待物，这样的人往往能够看懂他人的内心，因为只有了解到对方所想，才能投其所好，实现交往的目的。所以说在处世过程中，了解一个人的最好的办法就是观察对方的处世方法，从而学习对方的性格优点，了解对方的真实内心世界，最终实现识心的目的。

癖好识人法——领悟癖好识人中的助胜法宝

每个人都有自己的兴趣爱好，同样一个人的兴趣爱好往往是一个人内心真实的反映，因此，你要想了解一个人的真实内心，就要学会从这一点出发，从对方的癖好入手，了解这个人的真实内心，这样你就能发现对方内心的真实面貌。那么你知道这些之后，能够满足对方的需要，对方也会真实地将自己展现在你的面前。

社交知人法——把握交际识人中的局势变化

在社交场合，你难免会接触到各式各样的人，那么这个时候你就要意识到，认识对方真实内心的机会已经到来，要知道不同的人在社交场合会展现出自己不同的内心世界，如果你能够抓住这一点，那么你也就能够实现自己的交际目的。同时，当你能够把握人与人之间关系变化的时候，你也就能够更好地认识对方的内心。所以说在社交中认识一个人的真实内心是十分重要的，也是必须要考虑的识心途径。

目录
Contents

阅历观人法——体察阅历背后的内心世界

阅历对一个人来说是十分重要的，不仅仅是因为人们可以从自身的阅历中可以学到很多的东西，增长知识，还因为它是人内心世界的重要组成部分，这也是了解人的重要途径。阅历是一个人的重要资产，而通过对方的资产来了解对方的内心是一个很值得把握的途径。

习惯辨人法——习惯暴露内心的真我

一个人的习惯往往会影响到一个人的性格，更进一步会影响到一个人的成功。通过对方的习惯，你会发现对方内心的一些东西，这些想法往往连对方都没有意识到，但是你却能够通过对方的习惯了解到对方的内心。

目 录
Contents

细节察人法
——细节识人中的蛛丝马迹

　　要想了解一个人的内心世界，不是只靠你的交际能力就能实现的，而更要懂得用心地观察。观察是识人识心的主要方法之一，要学会观察的技巧和重点，从细节中窥探出别人的内心世界，从细微处了解别人内心世界的蛛丝马迹。善于了解别人的人，总是能够抓住细节，从细微之处做起，从而得到更多打开别人内心世界大门的钥匙，最终了解对方，实现自我的突破。

微小细节，练就识人法眼

　　细节往往能够表现出一个人的本质，在很多时候你会通过细节来了解别人的真实内心。一个能够了解别人真实内心的人，总是一个善于观察的人，当你观察细节的时候，你会发现对方的优点和缺点，发现对方的性格特点。要想真正地了解别人，就要学会从对方所表现出来的细节出发，从而了解对方的真实想法，这样才能实现你的成功交际，不至于在交际中触犯对方的个人禁忌，从而招致自己的失败。

　　观察细节不但可以让你了解对方的内心，同时也是练就你观察力的途径。不管是在什么时候观察力都是十分重要的，观察力是你了解对方内心的根本，当你具有敏锐的观察力的时候你会发现对方的优劣，从而学习对方的优点，避免自己的弱点，这样才能让你赢得更加顺利。同时，当你观察对方细微处时，你还可以发现对方的一些性格特点，达到识心的目的。千万别小看这些特点，抓住这些特点往往能够让你实现自我的成功。

　　要想练就自己的观察力，就要学会从细微入手，那么要想观察别人的细微处，要从哪几个方面来观察呢？

　　观察别人的小动作是十分重要的，尤其是当你和别人在一起的时候，你要注意对方和你交谈时手和脚的小动作。如果你们是第一次见面，那么对方内心可能是十分紧张的，这样你就可以想法安定对方的情绪，从而让对方放松下来，达到好的交际效果。或者是，当你在和别人说话的时候，看到对方的手不停地摆弄着手机，那可能是对方无意来和你交谈，或者是你所说的不是对方感兴趣的话题，此时，你就要学会掌握对方的兴趣点，从而打开对方的谈话欲望，这样你才可能会赢得对方的信赖，实现识心的目的。

观察对方的小习惯，这是了解对方生活的关键。比如说，当你看到你的同事总是忘记倒垃圾，那么你可以看出对方是一个不太认真的人，或者是一个有点懒散的人，所以你就要避免自己也成为这样的人，这样你才能实现自己的成功。或者当你看到你的朋友有抽烟的习惯，那么在交往中即便你不抽烟，你也要随时准备着给对方香烟。所以，观察对方的小习惯往往也是练就你的观察力的途径，同时也是了解对方内心，达到识心的关键因素之一。

观察对方的小爱好，这一点是十分重要的。不管是你的上司还是你的朋友，你都要注意对方的一些小爱好。比如说有的人喜欢收集脸谱，如果你和这样的人交往时，你注意到这一点之后，送给对方脸谱就很容易让对方对你产生信任，同时和对方交朋友也不再是一件难事。所以说要想实现自己的成功，了解对方的一些小爱好是十分重要的。或者当对方在吃饭的时候爱好先喝汤再吃菜，如果你知道对方有这个饮食习惯，并且加以注意，那么你就能够通过这个习惯来了解对方的内心世界，从而达到好的识心效果。

刘鹏飞是一家大型电器公司的总裁助理，他之所以能够坐上这个位子，是因为他处在一个小职员的时候就懂得抓住每个人的生活小细节。

细节察人法
——细节识人中的蛛丝马迹

3

记得刚进入公司的时候，他只是一个小部门经理的助理。当第一次见到自己的上司的时候，他发现自己的上司不时地咳嗽几下，后来他从同事那里了解，才知道自己的上司之所以咳嗽是因为他有咽炎，一上火或者是喝酒就容易咳嗽。于是，在每次陪上司出去应酬的时候，他都会准备一些口含的清嗓子的含片。这样一来，不但赢得了上司的信赖，也为自己了解上司打下了基础。

记得第一次和总裁出去应酬，在饭桌上总裁和客户们不断捧杯喝酒。时间已经很晚了，但是客户们还在纠缠总裁继续喝酒，刘鹏飞看到总裁不时地看自己的手表，他想总裁一定是想离开饭桌，于是，刘鹏飞自作主张编了一个谎话，他走到老板面前，故意大声地说道："您预定的飞机快要到点了，如果现在不赶快去机场，可能会误机。"客户们听到这个自然很轻松地就放自己的老板走了。通过那件事情，总裁不但更加信任他，同时也更愿意将公司大大小小的事情和他商量，并且更加依赖这个助理。

通过这个例子可以看出刘鹏飞之所以能够实现自己的成功，是因为他学会从老板的一个小动作上观察，从而锻炼了自己的观察力，同时赢得了自己的成功。由此可见，想要实现识心，就要学会观察，尤其是从细微处观察。要想法锻炼自己的观察能力，就要从细微处入手，只有学会从细微处总结出对方的内心特点，不管遇到什么事情，你才能够处理得更加得当，从而为自己创造更多的机会。

识心术需要你用心去观察，观察的内容当然有很多，其中最重要的一点就是观察细微之处，比如别人的小动作、小爱好等。这样你才能练就自己的"眼力"，也才能实现自己的识心的目的。要想了解别人的内心世界，就要让对方信任你，那么要做到这一点，最关键的就是从细微处入手，仔细地观察对方的小细节，然后用心观察，最终实现自己的交际目的，这样才能真正地了解对方，最后识心成功。

慧眼识 法则

当你处在还是无法抓住对方兴趣点的时候，当你还是不知道对方所想的时候，当你还是无法和对方交流成功的时候，这就是你要提高自己观察力的时候了，尤其是学会用心观察的时候，不要让自己在观察力上输给别人。要想方设法地提高自己的观察力，尤其要学会观察细节，从细节中了解对方的内心世界，从而真正地了解对方的内心。

看报小细节，帮你看懂人

在我们的日常生活中，很多人都有读报看报的习惯。当别人在读报的时候，你就要学会从对方读报的这个动作中，看出对方的内心变化，学会识心的技巧，练就自己一双识心的慧眼，让自己在交际中变得更加地应对自如，实现自我突破。

报纸本身不仅仅充满大量的信息，围绕着报纸的人和事情都会传达

5

出很多有价值的信息，只是看你能否观察出有价值或者说是对自己有帮助的信息而已。不要忽视对方看报或者是读报的细节，要知道这个细节往往能够让你认识到对方真实的内心世界。通过读报，你会知道对方是开心还是烦恼，也可以看到对方是在真正地读报还是在掩盖自己的真实内心，这对于一个想要成功交际的人来说是十分重要的。所以说读报可以帮助你去识心，也可以帮助你去了解对方，从而实现自我。

看报纸这个动作其实对于很多人都有不同的含义，很多人看报纸不是为了看上面的信息，而是为了掩盖自己当时的空虚或者说是寂寞；还有很多人不是因为喜欢看报而看报，是因为无聊才看报的。这一点在实际中是常见的事情，比如说，当你在坐火车或者是乘地铁的时候，你会看到有的人在翻动着报纸，似乎想从报纸中找到什么东西，但是又找不出来自己要看的信息，于是他们只能翻个不停，翻动报纸的声音不停地响起。要知道这个时候，对方不一定是用心在看报纸，或许对方这个时候看报纸只是为了打发时间，让自己变得不再无聊。因此，你就要学会读心，通过看报纸这个小细节来读懂对方的真实内心，了解对方此刻的心情，避免自己失误。

再者，很多时候你会看到有的人在默念着报纸上的信息，还不停地摇头或者是点头，甚至有的人还会看着看着笑起来或者是表现出十分气愤的样子。这个时候你就不要以为对方是在打发时间，更不要在这个时候去和对方讲话，因为对方是在认真地用心读报，因此你就要学会读懂对方此刻的心境，从而避免自己识心失败。

最后，在不同的场合看报往往有不同的含义，比如说当你看到在一个宴会上，有一个人在角落里安静地坐着，看着报纸，而其他的人都在说笑着，这个时候你就要分析这个读报纸的人此刻的心情了。这样的人往往是不善言谈或者是不善交际的人，对他们来说和人交流远不如看报纸要适合自己。或者这样的人是一个性格上内向的人，不善于用言语来与人交流，这个时候你就要想尽办法和这样的人成为朋友，因为他们的朋友必然不会很多，你如果能和他成为朋友，他一定会真心地与你交流，这样一来，认识对方的真实内心也就变得不再是一件难事，你也就很容易地实现识心的目的。

刘力扬是一家广告公司的业务员，平常的工作就是去各大公司跑业务。所以说，他要面对各种各样的客户，也要了解各种各样性格和内心的客户。

记得一次他碰到一个十分难缠的客户，对方不肯和自己合作，但是刘力扬知道自己要想在业绩上有所突破就要抓住这个客户，于是他想方设法和这个客户交流，但是都没有成功。

刘力扬听朋友提到，那个客户晚上要参加一个宴会，于是刘力扬就想尽办法进入了宴会场。当他看到那位客户在宴会角落中自己坐着看报纸的时候，他心里就想好了对策。他看到客户在看报纸的同时还不时地看一眼周围的人们，刘力扬通过对方的这个动作，知道了对方是一个不善于交际的人，同时也是一个渴望交际的人，只是不知道怎样与他人交流。

于是刘力扬先是放弃自己的业务推广，和这个客户谈论起了对方感兴趣的话题，从而和对方建立了友谊。之后再谈论自己业务时，对方当然很痛快地就答应了和自己的合作，从而完成了自己的任务。

通过这个例子，可以看出刘力扬之所以能够取得成功，就是抓住了对方读报的这个细节，从而了解对方的内心世界，了解到对方的性格特征，从而实现了自己的成功。

识心就是要想方设法了解对方的内心世界，在这个过程中，细节是十分重要的，你要学会观察对方的一举一动，当然看报也是观察对方内心的一个途径。在不同的场合，看报这个动作有着不同的含义，就要看你能否悟出这其中的含义和对方的内心活动。当然不同的看报姿势也是对个人内心的不同反应。所以说，不要小瞧看报这个小动作，要抓住这个小动作，从而去了解对方的真实内心，从而实现自己的成功。

慧眼识 心 法则

读报纸对很多人是一种习惯动作，很多人读报纸是为了获取报纸上有价值的信息，但是也有很多人看报或者说读报就是为了掩人耳目，甚至是在消遣，是在打发时间。在焦急中，你要通过看报来分清对方此时此刻的心情和心态，从而了解对方的内心，避免自己交际失误或是失败。

生活小细节反映小性格

生活是一面最好的镜子，在生活中你会发现不同的人有不同的生活习惯和性格，通过生活中的小细节了解对方的性格特点是十分重要的。

生活往往能够磨炼一个人的性格，同样也能表现一个人的性格。在生活中，你要学会从小细节出发，从而了解对方的内心世界，要知道对方的性格是内心世界的重要体现。

生活是性格的塑造者，所以说要想了解一个人的性格特点就要从生活中寻找塑造的痕迹，尤其是在小事情或者是细节上，对方会表现出自己的内心世界。这个时候你就要学会观察，学会感悟，学会思考，从而了解对方的真实思想和性格特征，抓住这个特征赢得自己的交际成功，实现识人的最终目的。

在生活中，不同的人都会养成不同的性格，因此，你想要了解别人就要学会从生活中把握对方的性格，把握对方的性格特征，最终达到识心的效果。在生活中，只要你细心地观察就会发现对方的性格特征，因此要把握好生活的小细节，从而让自己了解对方，实现成功的交际。

在生活中，你或许会看到有的人十分地在乎一些小细节，比如说有的人在出门之前会照镜子看自己的背上有没有头发或者是碎发，他们不允许自己的衣服有任何的污点。通过这个小细节就可以知道对方的性格是一个十分仔细的人，同时也是一个十分注意自己形象的人，你要是和这样的人交往，当然也必须要注意自己的卫生，也要注意自己的形象，只有这样，对方才会觉得你是一个可交之人，同时你才能真正地了解对方的性格，从而实现识人的目的。

在生活中，你拜访对方的时候，或许会发现对方的家里养着很多的花花草草，甚至还有小动物，从这个细节可以看出对方是一个极富爱心的人。这当然只是表面的观点，因为这样的人是十分感性的，因此你和这样的人交往也是比较容易的。如果你能抓住对方感性的特征，那么你要想实现识心就不会是件难事，同时，掌握对方的性格特征也将变得十分地容易。

生活是性格的塑造者，所以说你要学会还原性格在生活中的表现，不要小瞧生活这个"观望台"，要善于利用这一点，从而实现自己的交际成功。那么要怎样抓住生活的小细节，然后发现对方性格的小特点呢？

首先，就是要细心，学会细心地观察。其实不管做什么事情都要学会细心，只有细心才能做到认真地观察。当你细心地观察对方一举一动的时候，自然就会发现对方的性格特点。细心是达到识心目的的前提，没有细心地观察，就不会观察到对方的性格特点，从而也不会让自己在交际和交往中，实现自己的成功。

再者，就是从小事做起，生活就是小事积攒出来的。生活是琐碎的，不要对生活的琐碎产生厌烦，更不要不屑那些小事，要注重小事。观察对方在生活中，对小事的处理方式，这也是你发现对方性格特征，了解对方内心的必要环节和重要途径。一个善于处理琐碎小事的人，往往也能够处理好大事情，你在和对方交际的时候一定要明白这一点。

最后，要善于接近他人，不管你处在怎样的位置或者是以怎样的身份和对方交往，都要平易近人，给对方一种亲和力，让他人愿意接近自己，只有这样你才能有机会去了解对方的内心世界，才可能进入对方的生活中，才能拥有观察对方生活小细节的机会，才能让自己拥有了解对方的机会。

在生活中，你会发现很多人走路的时候，总喜欢把玩自己的手机，尤其是单独走在路上的时候。通过对方的这个小细节，可以判断出对方的性格。第一，对方可能是一个害怕寂寞的人，他不习惯一个人走在路上，感觉一个人会很尴尬，因此会选择玩手机来消磨时间。第二，这样的人往往是性格上比较内向的人，当然也有例外，他们习惯一个人独处，但又害怕一个人独处，总是希望有人能在自己一个人的时候给自己发信息或者是打电话，陪自己度过独处的时间。第三，这样的人可能是缺乏安全感的人，在他们的内心世界中，总是有一种不安全的因素存在，所以说他们会选择看手机来掩盖自己内心的恐慌。如果你能够认识到对方的这些真实的内心，那么你也就能够更好地与对方交流。从而实现自己交际的目的。

每个人都希望了解别人，实现自己的交际成功，但是要想了解对方并不是一件简单的事情。要学会从生活中的小事情来了解对方的一举一动，观察对方生活的小细节，从小事情上去发掘对方性格的特点和特色，从而实现自己的交际成功。

慧眼识 心 法则

识心的途径有很多，但是不可缺少的就是生活，生活是识心的必备元素。不要小瞧生活的魅力，当你能够抓住生活中对方的一举一动的时候，你会发现对方的性格特点，这样你才能真正地了解对方。所以要练就自己的慧眼就要学会从生活出发，让生活中的小细节帮助自己了解他人，完善自我。因此，要细心地观察细节，给对方一种容易接近的印象，从而真正地了解对方，最终实现成功交际。

无意识小动作让你看穿对方心理

　　识心要从小动作开始，对方的行动往往是表现对方内心的真实表现。在交际的过程中，要学会观察对方的小动作，从对方的动作中看出对方的真实想法，最终实现自己的识心目的。当你看到对方在交际的时候，下意识地做一些小动作，你要抓住这次了解对方内心变化的机会，要知道这些无意识的小动作往往是对方内心的真实反映，通过这些小动作达到识心的目的也是一种很好的途径。

　　每个人的内心都是十分复杂的，甚至很多时候你都不明白自己为什么会这样或者是那样地想问题。同样，有很多时候，你的举动就连自己都没有意识到，这也就是所谓的下意识的小动作。当你在和别人交际的时候，要观察对方下意识的小动作，通过这些小动作来了解对方的内心世界，从而达到识心的目的，最终实现自己的成功交际。

　　如果你是一个善于观察的人，那么你会发现有的人在交流的时候，总是在不停地做一些小动作，要知道这些小动作都是有其内在真实含义的。因为小动作总是对方内心变化真实的反映，你要学会辨别这些小动作的含义，从而实现识心的目的。

　　有的人希望通过自己的言语来掩盖自己真实的内心，所以说你要想了解对方的真实内心，就要学会找出反映对方真实内心的蛛丝马迹。当然，说谎时不可能没有丝毫的外在反应，这个时候就要运用上你的观察能力，观察对方的举动，尤其是对方的小动作，分析这些小动作，最终了解对方真实的内心世界。不要让自己被对方的言语所欺骗，要想尽办法让自己了解到对方的真实内心，这点在交往中是十分重要的，只有你对对方真实内心了解之后，你才会投其所好，不触犯对方的内心防范，从而实现自己的成功交流。

在人际交往中，你会发现很多人总是喜欢上臂相互交叉抱胸，这个动作看似简单，是无意识的小动作，但是要知道这是对方内心缺少安全感的表现，这样的人在交际中往往不会轻易地相信别人。所以说你与这样的人交往的时候，就要想方设法让对方看到你的真诚，从而给对方一种信赖的感觉，给对方一种安全感，不要让对方感觉到你是一个不可信赖的人。同时要知道只有自己首先让对方信赖自己，自己才能够走进对方的内心，才有了解对方内心的机会，从而实现识心成功。

当你看到一些人在交流的时候总是无意识地摆弄着自己的双手，那么你就要思考了，这样的人所说的话可能不是真实的，可能掺杂着一些其他的因素，不要小看对方的小动作，这些小动作往往能够帮助你认清对方的真实内心，避免你在交际中产生错误，影响你识心的目的。

李华峰是一家公司的老板，平时自己的应酬很多。记得一次和一位香港客户谈生意，双方都打算签合同合作的时候，香港老板说自己身体突然有点不舒服，希望明天再签合同。当时李华峰没有过多地思考。到了晚上那个香港老板就打电话说，合作之事无法进行了，因为自己的公司出了点问题，希望有机会下次再合作。

李华峰这个时候才意识到，那位香港老板在离开座位之前曾经向自己的秘书瞥了几眼，站在香港老板身后的秘书马上说自己老板身体不舒服，需要回去。李华峰这才意识到，那名香港老板只是想了解自己公司的实力，根本没有合作的意向。因为在这件事情上浪费了很多的时间，影响到寻找其他的合作伙伴，这个项目不得不被叫停，影响到了李华峰公司的发展，为公司造成了很大的损失。

通过这个例子可以看出，如果李华峰在一开始就能够看穿那名香港老板的意图，也就不会在以后花费那么多的时间用在这件事情上。因此，从对方的小动作上就能够看出对方的真实内心，因为在平常的动作中，对方是不会轻易表现出自己的真实想法的，并且在很多时候，对方会用自己的外在动作掩盖自己的真实想法。因此，要想了解对方的真实想法，就要善于观察对方的一些下意识的小动作，从而达到识心的目的。

在社会中，每个人都希望自己能够更好地了解别人，认识对方的内心，从而发现对方的优点和缺点，完善自我，让自己变得更加的完美。但是，在很多时候你都不知道怎么样来了解对方的内心，这就要求你去观察，尤其是观察对方无意识的小动作，因为这些小动作往往是对方内心真实想法的外在表现。当你能够认清这些小动作的真实含义，那么你也就能够实现自己识心的目的。

慧眼识 ❤ 法则

看懂对方的内心不是天生就会的，而是要经过自己后天锻炼才能够练就的。在你锻炼自己读心能力的时候，不要忘记观察对方无意识的小动作，只有这样才能够让自己看透对方真实的内心，才不会让自己被对方的外表而蒙蔽，才能够让你真正地了解对方。所以说，在交流中，你要注意对方的一些小动作，因为这些小动作往往是对方内心的真实反映，从而让你实现成功交际。

志向往往是内心真实的流露

人，最可怕的就是没有自己的志向，没有自己的理想。有理想的人往往会真心地对待自己的志向，然后付出自己的努力去实现它。由此可见，志向是一个人内心最真诚的体现，也是一个人真实内心的流露。所以，在与对方初次见面的时候，不妨恰到好处地了解一下对方的志向，这样有利于自己更好地了解对方的内心，最终为自己与其下一步的行动作出准确判断。

在很多时候，一个人的志向往往会影响到他的行动或者是言语，而这个时候的外在表现往往是真实的，因为他想要通过这些外在的表现来实现自己的目的。所以说，要想了解对方真实的内心世界，对方的志向也是你需要关注和了解的，你要学会去观察对方的志向，或许在开始你不知道对方的志向到底是什么，但是你要学会挖掘，通过一定的方法来挖掘对方内心渴望做到的事情，从而看出对方内心的真实想法，这样自然而然地就达到了识心的目的。

一个人的志向往往不会总是挂在嘴边，但是一定是对方内心的真实想法，所以说你要学会挖掘对方内心的真实想法，以及对方的志向是什么。那么在交往中，要怎么样才能挖掘对方的志向呢？

首先，要想挖掘对方的真实想法，挖掘对方的志向，你就要学会真诚地对待他人。因为志向不是表面化的东西，它也是对方的个人隐私，所以只有你真诚地面对他人的时候，别人才能相信你，从而愿意和你分享自己的志向，分享自己的未来。所以说在与人交际的时候必须做到真诚，这是你了解对方，走进对方内心世界的前提。只有你真诚地对待别人，别人自然而然地会告诉你自己真实的想法，从而让你达到识心的目的。

再者，就是要细心，在与他人交往的时候也只有细心才能够让你观察到对方表现真实内心的行为，如果你总是马虎大意地对待别人，你是不会观察到对方希望你看到的东西的。在交往中，细心才能够让自己实现识人的目的。

最后，在交际中，要学会信任，信任对方往往会让你实现识心的目的，一个能够信任别人的人总是一个善于吸引别人的人。因为你的信任会让对方有一种被尊重的感觉，对方也就很诚心地与你交际，更愿意表露出自己的志向，让你走进对方的内心世界。

拥有不同志向的人往往有着不一样的内心世界，那么怎么样来认识对方的内心世界呢？

（1）志向是否符合实际

志向定位是决定能否实现自己理想的决定因素之一，在很多时候要想实现自己的志向，就必须要结合实际。一个真正有理想的人，会结合实际，将自己的志向结合自己的能力，从而朝着实际的方向努力。

不是所有的志向都能够实现，就像不是所有的种子都会发芽一样，只有当结合自身的条件和实际的时候，人们所树立的志向才能够实现。每个人都会有每个人的思想，而人们的志向往往也是他的思想的高层次的表现。如果当你发现一个人的志向过于脱离实际，那么证明这样的人往往是不能够面对现实的人，或者说是高傲的人，在他们看来没有什么事情可以难倒自己。了解对方的志向是否脱离实际，也就是了解对方是否能够面对现实。

（2）拥有长远志向的人

这里讲的长远的志向是指他们的志向不是在短时间就能够实现的，但是这并不代表他们的志向不能够实现，或者是他们的志向是偏离实际的。长远的志向往往是站在长远的利益或者是目标上订立出来的，拥有合乎实际的长远志向的人，往往有着理性的思维和长远的目光。因此，在有的时候，对方的行为不会被理解，这就是以为对方的行为是在为自己长远志向的实现而做准备的。

与这样的人交往，不仅能够让你的眼光变得长远，更能够让你明白什么是坚持和定力。所以，当你了解一个人的长远志向之后，你就能够了解到对方的性格，明白对方的理智和思维的缜密，从而也就会理解对方的所作所为，这对你打开对方心灵秘密的宝盒是至关重要的。

（3）拥有短浅志向的人

"我的志向就是为了赚钱，赚钱买房，买房了让房再赚钱。"很多人都会这样想，这样的志向往往会给人一种很浅薄的感触。

了解这样的人，可以从对方的志向定位上出发，你会发现对方内心的空虚，他们追求的往往是一些物质的东西，所以进入对方的内心，你会发现不是一件难事。

要想识人就要学会细心观察，观察对方的真实内心世界，当然是离不开观察对方的志向，因为志向和理想都是对方真实的想法。要想了解对方的志向，就要学会方法，最起码要做到真心地对待他人，给对方一种信任感，从而让对方产生接近你的欲望，让对方自己去表达自己的内心，从而让你自然而然地发现对方的内心。当你了解一个人的志向的时候，那么你也就能够找到了解对方内心的突破口，从而实现自己的识心目的。

慧眼识 ♡ 法则

> 与人交往，最重要的是能够了解对方的内心。了解了对方的思想，就像是找到了甘泉的源头，让你生活或者是交往得更加顺利。每个人都有自己的目标，不管是长远的还是眼前的，不管是实际的还是幻想的，都是对方的真实想法。由此可见，解读对方的理想，就是在揭秘对方的内心。

小小口头禅，化解内心谜团

很多人都有自己的口头禅，不管说什么事情都会说自己的口头禅，这时你不要忽视对方的口头禅，因为在很多时候，口头禅是一种心理反应，也是对方内心的真实反映。如果你是一个善于观察的人，往往也能从对方的口头禅中，发现对方内心的谜团，从而实现识心的目的。

不要以为口头禅只是一种习惯，要知道这种习惯的根源就是内心世界，内心的所想很多时候就是对方口头上的表述，很多时候对方用简简单单的一句口头禅来表达自己的心理变化，如果你要想知道对方心理的变化，就要学会领悟对方的口头禅，以此为出发点，从而了解对方的内心世界。

口头禅在很多时候往往被认为是无意识的言语，但是这绝对是内心真实的反映，只是这些内心活动都习惯性地归于这一种表达方式而已，所以说你要了解口头禅的意义，不要让这句话影响到你了解对方内心的目的。要想知人心，就要懂其言。口头禅就是你应该了解的一部分，要善于分析对方的口头禅，从而发掘出真实的含义，最终实现你的成功识心，实现你的交际目的。

要知道同样的一句口头禅，在不同的情绪中有不同的意义，所以说你就要学会了解对方的情绪，了解对方的真实内心世界。比如说，当一个人在兴奋的时候或许会惊喜地喊道"天啊"，这个时候对方的心情是开心兴奋的。反而在对方不开心或者是内心十分焦虑的情况下，也会喊道"天啊"。不同的情绪，同样的语言，但是内涵绝对不同，所以说要想了解对方的真实内心世界，就要学会分析对方的口头禅，这不是一件简单的事情，尤其是对于不熟悉的人，当对方的口头禅在自己的耳边响起的时候，你就要分析对方现在的心情和情绪，不然你是无法真正地了解对方的，同样你也不会得到对方的信任。

一句简简单单的口头禅在不同的环境下，也会有不同的含义，当对方在公众场合中时，对方的口头禅可能就带有一种吸引对方，展现自己个人魅力的功能。这个时候你不仅仅要了解对方的真实想法，更重要的是要学习对方是怎么样通过自己的口头禅来吸引别人，从而实现自己的交际目的的。在平常的时候，一句口头禅或许是你的无意识或者是习惯性的言语，因为你都不知道自己当时内心是怎么样的变化才讲出这句话的。所以说，不同的场合中，口头禅有不同的意义，要想了解对方口头禅的真实含义，就要学会去分析，从而抓住对方内心的真实变化，实现自己的成功交流。

那么怎么样才能正确地分析对方口头禅的真实含义呢？最主要的是要听对方的语气，看对方在表达的时候是以怎么样的心情来表达的，对方的心情很容易体现在说话的语气上，所以说要想知道对方的内心世界，就要注意对方表达时候的语气，从而实现识心的目的。

在生活中，你也许会经常听到有人说"也许吧"或者是"或许吧"这样的词汇，习惯说这样模糊字眼的人往往有两种，他们内心的变化往往也是分为两种。第一种人，往往是内心比较茫然的人，他们对任何事情都没有自己的主见，但是又不想服从别人的意愿，他们希望自己的回答能够不伤害别人的自尊，同时又不想表示出自己的完全顺从，所以他们习惯了用这种模糊的字眼。这种人内心往往是矛盾的，同时也往往是不愿意服从别人安排的人。另外一种人，他们乐于讲这种模糊的字眼，因为他们不想其他人猜透他们的内心世界，所以用这些模糊的字词来混淆别人的猜测。这样的人，内心往往是有自己的主见，但是不希望自己的意见影响到别人的思维，所以在生活中，他们总是用这样的字词来应付别人的言语。这样的人往往是有心机的人，善于交际往往是他们的共有特点。

在生活中，有的人习惯性地说别人"你真棒"。如果你了解这个人的口头禅，那么你就会发现别人的这些言语往往没有太多的含义，你不要总是以为这就是在夸奖你，要知道这样的语言往往是对方恭维你的言语，所以在生活中，你不要以为别人说"你真棒"，你就觉得自己的所作所为已经给对方留下了好的印象，要正确地认识自己。

你或许还会遇到经常说"随便"的人，不要以为经常看似毫不在乎说"随便"的人就是一个随随便便的人，这样的人表面上什么也不在乎，其实内心是一个比较讲究的人。在他们的内心世界中，他们不想总是表现出自己的内心世界，对于很多事情即便自己有很高的要求，也不想表现出来，只是希望别人主动地来满足自己的高要求。所以说，不要以为说"随便"，你就可以随便地处理事情，要学会从对方的角度出发，这样你才会真正地了解对方的内心世界，最终实现识心的目的。

慧眼识 心 法则

一个善于交际的人，总是能够看穿对方的内心世界，从而投其所好，实现交际成功。同样地，一个善于识心的人，总是能够把握好对方言语的细节之处，总是能够很好地分析对方的口头禅。口头禅是对方内心世界的外在表现，要善于分析对方的心情和心境，这样才能了解对方口头禅的真实含义，从而才能够实现识心的目的。

"电脑控" 更易了解

现代社会是一个信息化的时代，信息和网络在社会的发展中起着很大的作用。当你的交际对象是一个"电脑控"的时候，也就是说，当对方是一个十分喜爱和电脑打交道，而不希望和人打交道的人的时候，你就要了解这样的人的真实内心，从而选择正确的交流和识心方法。

在很多时候，你会发现一个十分爱和电脑打交道的人，这样的人不善于和人交流，总是沉浸在电脑中，他们对电脑总是产生不断的兴趣和爱好，而对于和人交流往往选择冷漠对待，所以这个时候你就要选择正确的交流方法，而不是用单一的交流方式来认识对方的内心世界，要知道这样的人的内心是不容易了解透彻的，毕竟对方不希望和其他人交流。"电脑控"是你识心的难点，也是你交际中的难处，要想成功交流，就更要学会了解这样的人。

很多人都喜欢和电脑打交道，当然"电脑控"往往也分种类，当你看到一个人总是喜欢在电脑上写博客或者是日志的时候，你就要学会分析对方的内心世界。这样的人性格上往往都是偏重内向的，他们不想将自己的所想所思告诉其他人，相反，他们会将自己的想法写在博客上，用这种方式来发泄自己压抑的内心。即便是遇到开心的事情，他们也会用这种方式来记录下来，来庆贺自己的快乐时光。和这样的人交往，你就要学会欣赏对方的文字，从对方的文字上来了解对方的内心和心理变化，从而走进对方的内心世界。

当然，很多人喜欢玩电脑游戏，总是将自己沉浸在游戏的海洋中，不要以为爱玩游戏的人就是为了玩儿，很多时候玩游戏就是为了释放自己的内心，或许对方内心受到过什么创伤或者是遇到什么不快的事情，为了逃避现实，对方会选择梦幻的游戏世界。通过对方玩游戏来了解对方的真实内心是十分关键的。

还有一些"电脑控"，他们的工作性质要求他们必须天天关注电脑、天天面对电脑。比如说关注股市的人，他们会选择天天通过电脑来关注股市的变化，很多时候他们是因为工作所需，而绝非内心喜爱。当你发现这样的人在你的身边的时候，就要善于通过了解对方的职业来渗透到对方的内心中。在很多时候，因为工作变成"电脑控"的人，在工作之余是不会选择在电脑前坐着的，他们会选择运动来释放自己的心情，而电脑往往会给他们增加内心的压力和疲惫。所以当你遇到这样的人的时候，交往最好是不要涉及和电脑有关的事情，这样有助于你了解对方的内心世界。

很多人喜欢在电脑上看电视或者是看电影，原因很简单，就是因为电脑给他带来了独享感，再加上电脑的方便和快捷，让他有一种自由的感觉。他可以自由地选择节目，自由地选择自己想听的歌或者是自己想看的节目，这样一来，他内心会有一种不被打扰的感觉，从而感觉到十分地轻松。对于这样的人，在平时的工作中，可能是压力比较大，需要放松，但是也找不到代替电脑放松内心的方式。

由此可见，"电脑控"也分种类，通过在电脑上的不同作为，可以洞悉到对方的真实内心世界，从而更好地了解对方的内心世界，要知道在电脑上做不同的事情，往往会有不同的内心变化和性格特征，要学会了解这一点，最终实现自己识心的目的。

"电脑控"往往有一种逃避现实的心理存在，这一点会影响到他与人沟通，同时也会影响到他想事情和做事情的心态。你要把握住对方的这种心态，这样才能够让你更加容易了解对方的性格和内心。当对方面临现实带来的挑战的时候，多半就会选择逃避，这个时候你要抓住这一点，了解对方的这点心理变化，从而更要知道对方性格上的特点。要知道"电脑控"在很多时候都是很少言语的，因为他们觉得自己最适合的交流对象只是电脑，所以这个时候你就要主动地与对方交流，同时让对方感受到你的可信和真诚，从而给对方可以信赖的感觉，最终要想了解对方的真实心情也不会是一件难事。所以，你应该注意自己的交流方式，了解对方的性格特征，从而再选择合适的方法，实现自己识心的目的，最终实现自己的成功交际。

24

李欣欣是某大学的学生，当她第一眼看到那个所谓全年级最有名的网络游戏高手的时候，就喜欢上了那个男孩。李欣欣明白要想接近这个男孩，就要了解网络，甚至是了解所有的网络游戏。

李欣欣发现那个男孩很少说话，性格内向，所以她要想和对方实现交流，就只能通过网络，于是她开始在网络上下工夫。经过自己的努力和对网络的了解，她能够通过网络和那个男孩交流，在交流的过程中，发现对方是一个很诚实的人。

最终，李欣欣通过网络交流，不但成为了男孩的女朋友，也让男孩摆脱了网络游戏，将男孩儿逐渐引导到现实中来。

通过这个例子可以看出，李欣欣正是抓住了对方沉迷网络的心理，结合对方性格特点，从而更好地完成交流。由此可见，成为"电脑控"往往有很多方面的原因，由此可见，了解"电脑控"的原因，往往能够帮助你真正地认识对方的性格特点。

一个善于了解对方的人，会根据自己的交际对象选择合适方式的人。当你的交际对象是一个"电脑控"，也就是一个对电脑痴迷的人的时候，你就要学会正确地了解对方的性格，通过可行的适合的方式给对方一种可以信赖的感觉，从而让"电脑控"愿意主动地和你沟通，从而主动地表达自己的内心世界，最终让你真正地了解对方的内心世界。这样一来，你也就能够更加准确地与他交流，不至于因为自己的话语影响到对方的心情。

你是否是"电脑控"？你的身边是否有每天将大部分的时间花费在电脑上的人？喜欢和电脑打交道的人，往往有两种情况，第一种是工作需要，第二种往往是为了发泄内心。由此可见，从一个"电脑控"身上你能够看出对方的性格特点和情绪变化，从而也能够更好地认识对方的内心。

看人先看字，字能映人

在当今信息时代，很多人都用电脑代替了传统意义上的写字，所以很多时候你会觉得写字不再是一件艰难的事情，但是要知道，在很多时候，你都要用到自己的字，你不可能随时随地都记在电脑上，当你写字的时候，你要考虑到别人对你的认识。同时，你也要学会用文字来了解别人的内心。

俗话说得好，字如其人。通过对对方的字体了解，你要对对方的性格等方面做一个初步的认识和分析，给对方一个初步的定位，从而让字体来帮助你实现了解对方内心的目的。

了解对方的文字，不仅仅是要了解对方内心的第一步，也是为了能够拓展自己的认识，很多时候，字体往往是对方内心的真实反映，不要被对方的外表或者是行动所欺骗。要知道对方很多时候就是通过自己的外表和行动来掩盖的。要知道了解对方的字，往往是了解对方内心的直接反映。

　　当你发现对方的文字和对方的言行不太一致时，那么你就要学会细心地思考，或者是细心地观察，从而挖掘对方想要通过自己的言行来掩盖的东西，这一点十分地重要。

　　那么从哪几方面来看对方的字，从而获得对对方的了解呢？

　　首先，要看对方的写字速度，当对方写字很快的时候，表明这个人的性格偏重于急性子，或者做事情喜欢迅速，不喜欢拖拖拉拉。当你发现对方在写字的时候，十分的缓慢或者是犹豫，那么表明对方的性格可能是做事犹豫，或者做事情不够利索，也可能是一个细心的人，所以不同的写字速度就能看出对方的性格特征，从而使了解对方的内心变得简单，让你识心不再是一件难事。

　　再者，就是要学会观察对方的字体，这一点是十分重要的，不同的字体往往表现出来的内心是不同的。当你发现你的交际对象的字体总是龙飞凤舞，那可能表明对方不是一个安于现状的人，对方可能很希望自己能够拥有远大的理想，并加以实现，等等。所以说，要想了解一个人，看字体是十分重要的，但是很多时候你如果不了解不同字体所表达的内涵，那么你也不能很好地了解对方的真实内心，也不会达到识心的效果。

　　最后，就是要观察对方写字的笔画，当对方写字的笔画是正确的笔

細节察人法
——细节识人中的蛛丝马迹

画顺序的时候，你会发现这样的人往往是一个细心的人，做事情都希望能够细心地表达，从而细心地完成自己的工作。因此，了解对方的笔画顺序是十分重要的。

李剑南是一家公司的业务员，他要想完成自己的销售任务，就要了解客户的内心，避免自己在交际中犯错，从而给对方留下不好的印象，实现销售的目的。

李剑南记得有一次见到一个客户，当对方了解他的目的之后，说让李剑南写下自己的名字，同时要写出自己产品的名称，李剑南很利索，同时准确地写出来了。当李剑南写完之后，那位客户没有多问任何问题，直接答应了接受李剑南的产品。当时，李剑南十分不解，他问客户为什么直接答应了他的请求，客户说从李剑南写字的速度可以看出，他是一个干事利索的人，同时从他的字体看出他不是一个好高骛远而是一个踏实的人，从而和这样的人合作才可靠。

最后，李剑南轻而易举地销售了自己的产品，同时和这位客户也成为了好朋友。

通过这个例子可以看出，正是因为李剑南的字才让他拥有了成功的机会。他的客户正是看到他写的字，才会为他打开成功的大门。由此可见，你的字在生活中是多么的重要，不要小看自己的字，在很多时候，你的字往往能够帮助你实现成功。相反，观察别人的字，也是你实现识心的关键所在。

一个善于观察的人，是不会放弃观察对方的一些小细节的。当你细心观察对方的字的时候，你会了解到对方的真实内心，从而避免被对方的表面言行而欺骗，所以在交际中或者是工作中，都要观察对方的字，从而了解对方真实的内心，达到识心的目的。

慧眼识 心 法则

要想看穿对方的内心世界，就要看"懂"对方的字。当对方在你的面前展露自己的字的时候，不要放弃这次看透对方内心的机会，要学着了解对方的字，这样你才能了解对方的内心。当你能够看透对方字中的内在含义的时候，你也就能够注意到对方内心的变化，这些细微的变化或许是很难看出来的，所以说，要想了解对方的内心，达到识心的目的，先把对方的字"识"懂吧。

本章小结

　　在交流的过程中，要想实现识心的目的，就要学会从细节出发，细心地观察对方的细节之处，从而从对方表现出来的细节中把握对方内心的真实世界，这一点对你了解对方的真实内心是十分重要的。但是细节也是分很多方面的，了解对方的哪些细节，才能让你更加容易地了解对方真实的内心呢？

　　当然说到细节就离不开细心地观察，要知道细心地观察往往是你发现细节的根本。再就是要学会从对方表现出来的小动作或者是无意识的小举动出发，再加上对对方的口头禅进行分析，注意对方在电脑上不经意留下的心灵密码。其次我们还要学着观察对方生活中的每一个小细节，不管是看报，还是写字，都可以成为揭秘对方内心思想的可靠依据。总而言之，一个人的内心是很难了解的，要想真正达到自己识心的目的就不要忽略任何一个微小的细节，因为对于一个人来说那是最为真实的表现，即便是再会伪装的人，在细节面前也终将会露出马脚。

行为解人法
——行为也是一种无声的语言

　　要想真正地了解对方的内心，那么就一定要关注对方的行为表现，并且深入地了解对方的行为意识，从对方的行为中把握好自己的思想重点。人们常说行为也是内心的一种很重要的表达。要想认清对方就要懂得对方的行为，通过行为来了解人。行动是人身上的一种无声的语言，我们要善于运用这种语言，也要善于用它来了解对方的思想，只有这样才能成就巧识别人内心的真实目的。

身体语言最真实可靠

　　每个人的身体里都怀着一颗性格迥异的心，而那颗心就好比是一个机体的内核，通过大脑时不时地给我们的身体发号施令，做出各种各样的动作和行为，从某种角度来说它比任何表达方式，更能真实地贴近我们的内心。因此，要想真正识别对方的内心，就一定不要忽略了对方身体上的特殊语言，只要你能够细致观察，果断分析，就可以在最短的时间内洞悉对方内心世界，牢牢把握住下一步说话办事的主动权。

　　在交际中，肢体动作往往是你了解对方的最直接的方式，因为你与对方交流最先看到的就是对方的动作。因此，你可以先仔细地观察对方的身体动作，从而了解对方的内心世界。身体语言很明显，同时也是很真实的内心表达，一个人可以通过语言来掩盖自己的内心世界，但是他的肢体语言往往是无法掩盖对方内心的真实想法的。所以说，你要学会从对方的肢体语言中挖掘出对方的真实内心，从而实现识心的目的。

　　那么要怎么样通过对方的肢体语言来了解对方的真实内心呢？

　　比如当对方在演讲的时候，总是习惯性地摸自己的头发，那么对方内心可能是有点紧张，在这种情况下，对方的这个动作往往能够表现出自己的真实内心。那么，你在和人交流的时候，即便是心里十分的紧张，也要避免自己的这些小动作。所以说，你要学会仔细地观察，观察对方的一举一动，因为人的肢体语言往往是对方内心的真实表现，从而实现自己的识心目的。

再者，在交流的时候，你要善于分析，不要对对方的行为熟视无睹。当你观察到对方的行为的时候，就要学会分析对方行为的真实内涵，这就要求你了解一些心理学的知识。比如说你要知道一些肢体语言的心理学上的含义。当对方在和你交流的时候，总是心不在焉地看着别人或者是其他的事物，那么你就要明白对方可能是对你所讲的不感兴趣，这个时候你就要看懂对方的心理，然后学会转换话题，找到对方所关心或者是感兴趣的事情，这样一来你就能够实现自己的识心目的，也能够在交际中变得应对自如。

当然，要想分析对方的动作有什么内涵，就要学会把握时机和环境，在交流的时候要把握好环境，要知道环境不同的时候对方的肢体语言的内涵也不同。比如说微笑，在不同的环境下有不同的含义，当对方不知道你说的事情的时候，或者是不想回答你的问题的时候，微笑就是在化解你们之间的尴尬，要知道对方这个时候的微笑没有太大的含义。当你在宴席上说错话的时候，你的朋友故意冲你微笑，这个时候你就要考虑对方微笑的含义，是不是有特殊的内涵。因此，分析一个人的动作要掌握好环境和情况，这是你实现识心目的的关键点。

在生活中，你会发现很多人在说话的同时，习惯抠手或者是摆弄着自己的手，这样的人往往是心理素质不好，遇到事情容易紧张的人。他们对外界陌生的人或者是事情都有一种自然的抵触心理，从而在和陌生人接触的时候，自然而然地会觉得有一种心理压力。这样一来，他们在交谈的时候会感觉到内心紧张，所以说要想看透他们的内心世界，就要善于分析他们的手部动作。往往这样的人对身边环境的适应能力是很差

行为解人法
——行为也是一种无声的语言

的，同时，他们在交谈的时候往往会紧张，会害怕自己说错话。但是，他们也是做事情比较谨慎的人，做事情有条理，同时是能够控制自己紧张的情绪的。

你或许会看到很多人在说话的时候总是很自然的拨着自己的头发。这样的人往往是十分注意自己形象的人，在他们看来自己的形象是十分重要的，尤其是在公众场合下，他们更加注重自己的形象。同时，这样的人往往是希望能够引起对方重视的人，在他们的内心中，希望能够得到别人的注意。这样的人是希望表现也是善于表现自我的人。要想和这样的人交往成功，就要善于了解对方的肢体动作，满足他们自我表现的欲望。

一个善于识心的人，总是能够通过对方的动作或者是身体语言来了解对方，从而找到对方交流的兴趣点，避免自己出错，同时也能够学习对方内心的优点，弥补自己的不足。

慧眼识 心 法则

要想练就自己的慧眼，从而了解对方的真实内心，就要求你不断地锻炼，尤其是利用好交际的场合，锻炼自己对别人动作的分析能力，从对方的一举一动上分析对方的心理。当你看到对方不经意间表达出的身体语言的时候，要学会分析和研究，从而渗透到对方的内心，这样才能够让你看到他们真实的面孔。

通过手势了解对方内心

或许你从来没有注意过自己在交际中的手势，但是你不得不承认在很多时候，你的手势往往会影响到你交流的效果。或许你也从来没有分析过自己在交流的时候为什么心情突然变差，对方的手势往往成为你心情转变的罪魁祸首。手势往往能够真正地反映一个人的内心世界，很多时候对方想要用语言来掩盖自己的内心，但是却不经意间让自己的手势出卖了自己，由此可见，手势是通向人们真实内心世界的通道。

一个手势往往能够让你了解对方此刻的心情，也能够让你知道对方的内心。通过对方的手势来了解对方不是一件简单的事情，因为你不知道对方的手势是习惯性的动作还是内心的真实体现，这就要求你去结合周围的环境，以及你的交际经验来实现自己的目的。所以说，要善于分析对方的手势，从而达到了解对方内心的目的，最终让自己赢得更多成功的机会。

在现实社会中要想听到别人的真心话是一件不容易的事情，同样要想看到对方的真实内心也不是一件简单的事情。很多人害怕自己被别人看穿，更害怕自己没有任何的秘密，害怕别人抓住自己内心的弱点不放，所以说，对方会用语言或者是其他的方式掩盖自己的真实内心。那么，你就要想方设法来认识对方的虚假言语，从而找到真实表达的地

行为解人法
——行为也是一种无声的语言

方。通过手势来了解对方的真实内心是一种很好的办法。

　　语言很容易掺假，也很容易被用来伪装内心，如何辨别出真话和谎话呢？那就要注意观察说话者说话时的动作以及对方的手势。说话时全然无表情无动作的人几乎可以说是没有的。特别是在想隐瞒什么或撒谎的时候，手常常会情不自禁做出一些小动作，这些动作往往是不经意做出来的。所以在交谈过程中多留心手的活动，这对你辨别对方言语的真伪至关重要。通过手势了解对方的真实思想和内心，往往能够让你实现识心成功。

　　你或许会经常看到这样的情况，在交流的时候许多人会用假咳嗽来掩饰这种护嘴姿势。这种动作在交流中是表示不诚实的意思，对方在遮掩自己的嘴，其实是在遮盖自己真实的内心。所以说，当你看到你的交际对象在做这样手势的时候，要考虑到对方可能是在说谎话。

　　当然你也会发现这样的动作，有的人在说话的时候习惯性地用手摸鼻子。摸鼻子的姿势是护嘴姿势比较世故、隐匿的一种变化方式。这种手势可能是轻轻地来回摩擦着鼻子，也可能是很快地触。一般女性在做这种动作时，会非常轻柔和谨慎，因为怕脸上的化妆被弄糟了。俗语有言，"鼻子直通大脑"，鼻子是一种传达信号的工具。要知道说谎时鼻子的神经末梢被刺痛，摩擦鼻子是为了缓解这种感觉，这是一种关于摸鼻子的说法。还有另一种观点，当不好的想法或者是不太光明的思想进入大脑的时候，人们会下意识地用手遮着嘴，同时又怕表现得过于明显，被别人看出来。因此，就得是很快地在鼻子上摸一下，这是想要掩盖自己真实内心的表现。摸鼻子和遮嘴一样，摸鼻姿势在说话人使用时则表示欺骗，对于听者来说则表示对说话者的怀疑，由此可见，当你看到你的交际对象在讲话的时候，出现类似情况，就要想到对方可能是在说谎。

当对方在说话时用手摸脖子，你要善于对这种姿势进行观察，要知道这姿势表示怀疑或不肯定。当某人的话与事实不符时，这姿势特别明显。因此，你要理解对方的这种姿势，从而实现自己识心的目的。

但是要明白的是，并非出现了上述动作的人，都是在撒谎，有时候人们摸鼻子只是因为这个部位发痒或者是生理上的不舒服。如果想要辨别对方是因为发痒而摸鼻子还是因为撒谎而摸鼻子，就要学会仔细地观察和分析，毕竟两者之间是有差别的。在交际中要观察对方的手势，要知道这些手势是对方真实内心的真实表现。当然还有很多手势需要你用心去了解、去认识。在很多时候只有认识了对方手势的真实含义，你才能够看到对方的真实内心。

在与人交际中，你或许会发现对方握水杯的手势有很大的不同，要知道对方握水杯的手势往往是了解对方性格的关键，一个人的性格也是其真实内心的组成部分。有的人握水杯的时候喜欢将小拇指跷起来，这样的人做事情一般是很讲究的，他们会很认真地对待每一件小事情，但是从另一方面来看，在生活中，也可能是比较啰嗦的人。有的人握杯子喜欢只用三根手指，这样的人做事情比较自信，他们无论做什么事情都会很自信，同时也是乐观的人，对周围的事物都很乐观。由此可见，从握水杯的手势上也能够看出对方的内心世界和性格特点。比较不同的手势往往会反映出不同的内心世界，要学会通过对方的手势分析对方的性格，从而帮助你了解对方的内心。一个善于观察的人，是不会放过"手势"这道了解对方内心世界的门槛的，因此要善于分析对方的手势，从而更好地进入对方的内心。

慧眼识 心 法则

看人不等于识人，要想识人就要学会从看到的动作中提炼出有价值的东西，这样你才能达到自己识心的目的。一个善于识心的人，总是能够认识对方的手势，一个人的手势往往是对方内心的真实表达。不同的手势往往有不同的含义，即便你看到对方在交际中的手势，但是无法认识到对方手势的不同含义，也是无法实现自己识心的目的的，所以说，在交际中要学会识别手势，了解不同手势的不同含义，只有这样才能实现自己的识心目的。

坐有坐相，坐出你的个人修养

与人交际，难免会发现对方优雅或者是不雅的坐姿，很多坐姿是影响到你们交流的根源。不要小看坐姿的重要性，俗话说得好，"站有站相，坐有坐相"。因此，你在交流的时候，就要注意到自己的坐姿，要知道自己的坐姿往往会影响到自己的印象分，当你的坐姿是对方所喜欢或者是优雅的时候，自然而然会增强你给对方留下的印象分，这点十分重要，也是对方愿意靠近你的表现，这样一来，实现识心的目的也是很自然的事情。

一个有涵养的人，往往是很注重自己坐姿的人。坐姿往往是个人修养的表现，要想实现自己的识心目的，就要让自己的坐姿吸引人，从而体现出自己的个人修养，这样他人才愿意和你交往，最终才能很自然地和他人成为朋友，最终打开对方交际的愿望，实现自己的识心目的。

　　优雅的坐姿传递着自信、友好、热情的信息，同时也显示出高雅庄重的良好风范，一个自信的人总是能够通过他的坐姿表现出来。当然，在交流的时候，我们也经常会见到一些不雅坐法，比如两腿叉开，腿在地上抖个不停，而且腿还跷得很高，让人实在不敢恭维。要知道这样的坐姿往往会给人一种被压迫或者是被蔑视的感觉，总是在触碰对方的心理防线，所以说这样坐着，总是给人一种不可信任的感觉，无法给对方信赖的感觉，所以对方自然而然不会说出他的真实想法，对你也不会过于信任，无法达到识心的目的。所以说，不要做出不雅的姿势，尤其是你的坐姿是十分重要的，良好的形象往往会受到坐姿的影响。

　　生活中，椅子是最常用的坐具，不管是在办公室还是在家里，甚至在街边公园里，到处都有椅子的踪迹，到处可以看到以这样那样姿势坐着的人们。细心的人会通过不同的坐姿来了解对方的心理，从而实现自己识心的目的。

　　在生活中，我们会看到爱侧身坐在椅子上的人。侧身坐着的人往往给人的感觉是心态放松、不拘小节。在当时他们的心理状态是非常舒畅的。这样的人往往不太在意外界对自己的评价，以及别人对自己的看法，本性率真善良，有一说一，不会隐藏自己的心理感受。也许他们直接外露的表达感情方式让人感到惊讶，但不要害怕，他们所表达的，都是自己的真实内心，所以说，如果你能够看透对方的这个心理，那么你也就能够达到识心的目的。

有的人喜欢敞开手脚坐着，这种姿势具有一定的复杂性，所以不好判断对方的真实内心，有的人是因为完成一项大的任务后，心情极度放松，可能采取这种坐姿；有的人则是因为喜欢掌握权柄，在得到梦寐以求的地位后采取这种坐姿；当然还有一种可能是小人得志，不知天高地厚四处显摆的人。因此，看到这种坐姿的人时，我们要注意结合其他因素进行分析。结合具体的人和具体的场合，分析对方此刻的内心世界，这样才能准确地认识对方的真实内心，最终实现识心的目的。

　　不管你在哪儿，不乏会看到这样的人，他们喜欢将椅子转过来，跨骑而坐。这种姿势实际上是一种防卫的姿势，椅子靠背充当了他们的保卫栏，这样他们才会感觉到安全，当然，这只是下意识的，他们自己也不知道自己会有这样的心理。当人们面临语言威胁，对他人的讲话感到厌烦或者是想压下别人在谈话中的优势时，他才会做出这样的姿势。当然从社交场合来讲，这样的姿势是有失礼貌的，因此，当一个人突然把椅子转过来跨骑上去的时候，我们可以断定，这个人具有强势心理，对权力或者是金钱都有一定的渴望，或者是性格上有自私和粗暴的一面，由此可见，你的交流对象如果是这样的人，你就要善加注意，从而让自己的心理适应对方的这种姿势，最终实现自己的识心目的。

　　当然，把身体尽力蜷缩一起、双手夹在大腿中而坐的人也是不少见到的。这种姿势给人的感觉不太舒服，所以这样的人也是有一定的范围的。一般情况是出现在下级聆听上级训示或者是学生聆听老师教诲的时候。他们通过用大腿夹住双手，从而牵引两臂向前伸，最终导致腰部向前弯曲，强迫自己做出一种毕恭毕敬的姿势，给人的感觉就是一种很自责的感觉。但是实际上，对方的内心并不一定是百分之百信服的，只不过由于他们处于弱势地位，不得不服从，所以他们往往自卑感较重，谦逊而缺乏自信。所以说，和这样的人交往，就要注意到对方的内心变化，学习对方谦逊的内心，但是也一定要学会避免自己产生和对方一样的自卑心理。这样取长补短往往也是塑造自我形象、完善个人修养的表现，更是达到识心目的的必要途径。

喜欢跷着二郎腿坐着的人很多，他们总是习惯性地跷起二郎腿。在传统的观念中，女性跷二郎腿显得轻浮，不够文雅，不过现在的人往往不会介意这一点，女性跷起二郎腿，显示的是她们的桀骜不驯，或者是清高。同样，对于男性来讲，跷二郎腿一般有两种解释：一种是对自己的地位、所处的环境非常满意，心里怡然自得；另一种则是玩世不恭、吊儿郎当，不管是哪种解释都是不礼貌的表现。所以在交际时，尽量不要跷起二郎腿，在很多时候这都显示出的是没有修养。

人与人的相处往往会体现出一个人的修养，但是当你还不了解对方或者是刚认识对方的时候，你要想看出这个人是否有修养，那么你就自然而然地会从对方的坐姿入手。同样地，当别人看你的时候也会先看你的坐姿是否文雅。因此，要注意自己的坐姿，同时观察交际对象的坐姿，从而了解一个人的修养和真实内心，达到识心的目的。

慧眼识 心 法则

> 如果你是一个有修养的人，那么你在任何场合都会注意自己的坐姿，不会因为自己的坐姿而影响到自己给对方的印象。所以说，要想认识对方的真实内心，就要学会从对方的坐姿着手，从而了解对方的真实思想，以及对方的性格和修养，达到识心的目的。

站有站相，站出你的自信和乐观

一个人的站姿往往给人留下深刻的印象，很多时候你先看到的就是对方的站姿，然后才是对方的表情，所以说站姿是十分重要的。不要小看站姿，在很多时候你能够识别对方的真实想法，从而实现自己的交际目的，就是因为你了解对方站姿反映出来的问题。同时，通过自己的站姿反映出乐观和自信，可以给人留下深刻的印象，最终实现自己的交际目的。

或许你会觉得站立就是很简单的动作，却不知道站姿对你的成功有多大的帮助。俗话说，站有站相，在和人相处或者是见面的时候，站姿是你给对方留下的第一印象中的关键所在，所以在交际的时候，你就要学会保持良好的站姿，从而让自己能够实现顺利的交际，这样你要想认识对方的内心也将不是一件难事。所以说，你要通过自己的站姿表现出自己的自信和乐观，从而实现自己的交际目的和识心愿望。

你要想通过自己的站姿来表现自己的自信，那么就要了解什么样的站姿是自信的表现，找到代表自信的站姿。一个充满自信的人站立的姿势是脊背挺直、胸部挺起、双目平视，给人一种豁达乐观、气宇轩昂、高瞻远瞩和大度的感觉。脊背挺直，是告诉外界自己有强健的体魄，任何困难都压不倒自己；胸部挺起，是告诉外界自己充满了信心，做好了挺身而出的准备；双目平视，是告诉外界自己的理想在远处的地平线，就算是前面有暴风骤雨，自己也会风雨兼程。自信的人性格开朗、落落大方、心胸豁达，是结交朋友的不错选择。所以说，你要结交朋友，就要学会给人留下自信的印象，那么站姿就是你的着手点，从而结交好友，识心成功。

通过自己的站姿表现出自己的细心是十分重要的事情，一个自信的人，站姿往往也是随和的，他们经常双脚自然站立，左脚在前，左手习惯放在裤兜里。这种人的人际关系较为协调，平常嘻嘻哈哈，厌恶钩心斗角，他们从来不把给别人出难题当做一种乐趣。同时，当他们遇到别人给出的难题时，总会想办法合理地解决，或者干脆再把问题推回去，所以，这种人是可以信赖的。一个自信的人，往往站姿也是他表达自信的外在形式。要想实现识心的目的，要让别人相信你，就要先相信自己。

在交流的时候最忌讳的就是表现出自己的畏缩或者是不自信。人总有遇到困难和挫折的时候，前途的不顺利会导致人的精神状态委靡不振或者是不自信，这是可以理解，也是在所难免的，但是必须学会尽快从这种委靡或者是不自信中解脱出来，鼓起勇气，去迎接新的挑战困境，实现自我的突破，才能让自己真正地摆脱。如果我们在困难挫折面前只会怨天尤人，那么我们将陷进委靡颓废的深渊里去，从而即便是站立也不会自信，也是表现出自己的唯唯诺诺，从而给别人留下自卑的印象，这样的人也是得不到别人的信任的，不仅无法达到识心的目的，还会让自己越陷越深。

长时间的委靡颓废和不自信，会让人形成弯腰驼背的站姿，从而表现出来整个人的腰是弯曲的，类似于佝偻病的症状，但要说明的是这种弯曲并不是由于年龄和病态造成的，它跟生理上的疾病没有任何关系，而是由于内心的消沉和自卑造成的。一旦有一天他走出了这种委靡的状态，连他自己都不会想到自己弯了很长时间的腰会一下挺直起来。一个自卑的人总是习惯性地弯着腰行走，所以在交流的时候，就要避免自己变得自卑，更不要通过站姿表现出自己的自卑。

郝玉华是一名私企的职员，在刚刚进入公司的时候，因为她什么都不会，所以十分的不自信，总是感觉所有的事情自己都做不好，因此走起路来也是唯唯诺诺，显得比较胆怯。一次，客户来到公司要和郝玉华的领导谈业务上的事情，但是领导暂时有事情，让郝玉华先招待客户，这个时候郝玉华不知道该怎么处理这件事情，于是十分的不自信，当郝玉华决定要和客户商谈业务的时候，客户直接提出说，如果郝玉华的经理没有时间，他们就明天再来。

事后，郝玉华很奇怪为什么客户宁可耽误一天的时间，再跑一趟，也不愿意和自己洽谈业务。原来客户看到郝玉华站立的时候犹犹豫豫，唯唯诺诺，知道郝玉华是一个没有主见，做不了主的人，这样一来，客户也就没有必要和这样的人浪费口舌了。

通过这个例子可以看出，从一个人的站姿方式上就能够看出一个人的性格和内心世界，郝玉华站姿的怯懦，给对方留下了不可相信的感觉，无法让对方产生信任，从而直接影响到她的交际。所以说，从对方的站姿上就能够了解一个人的性格，认识了一个人的真实内心世界，这样才能够让你成功地交流。同样地，你学会了分析对方的站姿，也就能够从站姿上了解一个人的性格特点和内心世界。

一个自信的人无论做什么事情都能表现出自己的自信，不管是坐姿还是站姿，都是表现他们自信的途径，一个善于表达自我的人往往也是能够通过站姿表现自我的人。一个人要想实现识心的目的，就要让别人信赖你，不管通过什么方式都要表现出自信。一个人的站姿往往会给人留下很深刻的第一印象，所以说，你要通过自己的站姿表现出自信，从而让别人信赖你，实现识心的目的。

慧眼识 心 法则

　　一个善于识心的人总是能够表现出自己的勇气，要知道一个人的勇气不仅仅是在遇到困难的时候才会表现出来，当你在和不认识的人见面的时候，就是一种勇气，因为你要通过对方的一切外在表现来了解对方，从而让对方信赖自己，最终实现自己的识心目的。同样，你的站姿也是你自信的外在表现形式，所以说要想办法通过自己的站姿让对方信赖自己，最终实现识心的目的。

急躁最易表现在行走上

　　一个人的走路速度往往是对方性格的表现，在生活中你会发现不同的人，走路方式不同。同样，不同性格的人走路方式也不同。有的人走得很快，有的人走得很慢，有的人边走边四处张望，有的人只顾走自己的路，从不关心周围的事物。通过对方的走路速度我们就能看出他的性格，这对于我们了解对方的真实内心是十分重要的，也是很有必要学习的。

或许你从来不曾关心过别人的走路方式，也不曾注意过别人的走路速度，但是从现在开始你应该注意这件事情了，这是你了解对方性格的一个突破口。因为不同的人走路方式和速度是不同的，当你看到一个人走路匆匆，无暇顾及路边事物的时候，你就要明白对方可能是性格上比较急躁，处世上风风火火的人，因此你就要注意自己和对方的交际方式，从而让自己实现识心的目的。

看人识人关键的步骤当然少不了观察对方的行为，尤其是对方的坐、立、行。对方的行走速度就是你了解对方性格的一块敲门砖，当你了解了对方的性格自然而然也就抓住了对方内心的源头，这样要想了解对方的内心也将变得十分的容易。

当你看到一个人走路十分匆忙的时候，或许对方的性格上是偏重于急躁的人，但是也有另外一种可能，那就是对方可能有什么紧急的事情去处理，但是性格不一定是急躁的，所以说你要学会分辨对方的性格特点，要想分辨对方是性格急躁还是有急事要处理，就要从以下几个方面来区分。

首先，要从场合上来区分，在不同的场合往往表现出走路速度不同。当你在宴会上参加朋友们的聚会时，看到一个陌生的人，对方不管是去拿水果还是香槟，走路都是十分的匆忙，那么这个时候你就可以断定对方是一个急性子的人。如果你看到一个不太熟悉的朋友，在你的印象中他是一个急性子的人，但是在聚会上或者是在平时走路是很缓慢或者是很平速的，那么你就不能说他是一个急性子的人，只能断定曾经你遇到他的时候，他可能是有什么急事要去处理。所以说，从场合上来区分对方的性格是一种十分重要的途径。

再者，就是从对方的走路方式上，有的人即便走路速度很慢，但是性格上也是一个急性子的人。相反，有的人走路很快，但是性格确实是一个不急不躁的人。那么，这个时候就要看对方的走路方式了。如果当你看到一个人，虽然走路速度不快，但是所迈出的步子很大，那么这个时候你就要注意了，这个人所表现出来的慢性子可能是假象，对方可能是一个急性子的人。同样，有的人虽然走路看似很快，但是迈出的步子很小，有一种犹犹豫豫的感觉，那么对方的性格可能并不是他表现出来的急性子那样。由此可见，一个人的走路方式也是了解对方性格的一种很好的方式，只有了解了对方的性格，才能实现你的识人成功。

最后，就是通过对方是否会顾及身边的事情来看，当你看到一个人不管什么时候走路都不会顾及身边的事情，即便身边发生很大的事情，他都表现出与自己无关的样子，匆匆地走过，那么这样的人就是彻彻底底的性格急躁者。所以说，在这样的人面前你不要表现出自己的犹犹豫豫，不然对方会觉得你是一个没有主见的人，从而不会信赖你，所以要了解对方的性格，从而选择好交际的方式，最终实现自己识心和交际的目的。

孟长哲是一家公司的采购员，因为自己性格容易急躁，在好几次的采购中都莫名其妙地失败了。记得一次，他正和对方商谈着采购的事情，突然电话响了，接了电话，电话中是自己的领导命令他尽快落实这笔采购货物，然后返回公司开会。这时，他一下子心急了起来，走路变得慌慌张张，对方以为孟长哲的公司出现了什么问题，怀疑起孟长哲公司的付款能力，毕竟这次采购的数量很多。最终，对方公司要求孟长哲的上司来商谈，只有这样才能够签署采购合同，最终孟长哲的这次采购工作没有完成，影响到公司的运行。

通过这个例子可以看出孟长哲之所以没有能够成功，是因为他急躁的情绪反映在了行走中，从而影响到自己的工作，由此可见，从对方的行走中就能够看出一个人的脾气或者说是性格，当你发现一个人的性格比较急躁时，那么这个时候，就要抉择自己是不是需要和这样的人交往，要知道一个急躁的人往往会因为自己的性格，耽误很多的事情，或者是做错事情。所以说，不要将你的急躁反映在平时的行走中，你的走路速度往往会出卖你的内心。

一个善于识心的人，总是会主动地去分析对方的性格，因为他明白性格对一个人来说是多么的重要。不同的性格，他的内心变化幅度是不同的，所以要了解这个人的内心世界，就要了解对方的性格，把握好性格变化幅度。通过走路来判定一个人的性格是一个重要的步骤，也是不可缺少的步骤。一个性格急躁的人，往往会让人感觉到自己的快速行事，同样内心变化也是快速的，认识到这一点，往往才能让你实现自己识心的目的。

慧眼识 心 法则

要想读懂对方的内心，就要了解对方的性格，要想了解透彻对方的性格，最重要的途径就是了解对方的走路方式和走路速度。一个性格急躁的人，往往会将自己的性格特点体现在走路方式上，所以说这个时候，你如果能够通过对方的走路方式了解到对方的性格，那么你也就抓住了了解对方内心的关键，从而也就能够更好地了解对方的内心世界。

心里旋涡之交叉双臂

人的每一个动作都代表着他们内心不同的心理状态，就连简单的双臂交叉都有着它与众不同的心理含义。作为一个希望辨识他人心思的人，一定不能忽略对方的任何一个行为细节，当我们对其行为作出最为准确的判断后，才能为自己接下来要做的事情作出准确判断。

当对方双臂交叉放在胸前的时候，对方的内心世界是有变化的，要看你能否正确的分析，最终你会打开对方的心灵之门，渗透到对方的内心世界。

不要以为交叉双臂是一个简单的动作或者是一个下意识的动作，要知道这是十分重要的心理信息。在很多时候交叉双臂都有其内在的含义。如果你能认识到交叉双臂的含义，那么你也就会明白当时对方的心理，从而实现自己识心的目的。当对方表现出交叉双臂的动作，那么这个时候对方肯定是内心充满了不同的情绪，往往不仅仅是一种心理。此时就要求你能够去分析，然后去认知。

要知道一个动作在不同的场合往往有其不同的内在含义，比如说当你看到一个人在走路的时候很自然地将双臂交叉放在胸前，那么这样的人往往内心中有一种潜在的危机感，也就是缺少安全感，他们总是不由自主地将这个动作暴露在自己的动作上，很可能就连他们自己也不清楚自己为什么会做出这样的动作。在和这样的人交际时，你就要明白一点，这样的人很可能不会轻易地相信你，他们总是不太乐意去相信一个人，也不会轻易地去相信一个人，所以说，你要想让自己得到这样的人的信任，那么就要在了解到他这个心理特点之后，加倍地注意，想尽办法得到对方的信任，从而实现你识心的目的。

再者，当你看到一个人在和你讲话的时候，不由自主地将双臂交叉放在胸前，那么此时你就要分析，你的交际对象是因为什么原因才这样做的，因为在这个时候很可能是有两方面的原因，一方面是因为他坐在沙发上坐累了，另一方面也可能是因为他对你讲话的内容不太感兴趣，以这种方式表示抗拒，所以这个时候你就要分析，如果发现对方是因为坐累了，那么你可以建议边走边聊。如果是因为对你所讲的不感兴趣，那么你就要学会赶快转换话题，寻找新的话题，从而引起对方的兴趣，打开对方谈论的言语，最终实现识心的目的。

另外，当你看到一个人在遇到陌生人的时候总是习惯性地将双臂交叉放在胸前，那么这样的人可能是对陌生人有很强烈的抵抗心理，如果你是那个陌生人的话，你就要学会了解对方的举动，从而想方设法消除对方对你的抵抗心理，这样才能实现交心的目的，也才能让你真正地了解对方。

当然，男士和女士交叉双臂往往有着不同的内涵，同时和他们所处的环境和氛围也是有很大的关系的。

（1）**男士交叉双臂**

当你和男士第一次见面的时候，你发现这个人在交谈的时候总是习惯性地交叉双臂，那么这个时候你就要注意自己的语言了，因为当你发现一位男士和你交谈的时候喜欢交叉双臂，那么表明对方是一个不容易相信人的人，他们习惯以怀疑的态度来面对别人，要想让这样的人信任你，那么你就要费尽心思了，因为他们很难相信别人。同时，他们又是十分不愿意让你了解他们真实内心的人，他们会想尽办法隐藏自己的内心世界，不会轻而易举地将自己的真实想法透露给你，所以你想要了解这样的人的真实想法就要下一番苦工了。并且，这样的人总是显得十分的高傲，不管在什么场合，都希望得到别人的尊重，同时能够表露出自己的地位，所以说和男士交往你就要适当地学会给对方留情面，这样才能够给他们留下好的印象，从而实现你识心的目的。

（2）**女士交叉双臂**

当你发现一位女士，总是习惯性地交叉双臂的时候，你就要知道这样的人，内心是缺少安全感的。她们渴望被保护，渴望从外界得到安全感，所以说在交往中，你就要注意自己的言行，要时刻给对方一种安全的感觉，这样她们才会和你交往自如。如果你总是给对方制造一种不安全的因素，那么对方是不会和你交流的。所以说这样的人，需要的是安全感。

和这样的人交往就要善于分析对方的内心，从而更好地去表达自己，给对方留下可以信赖的印象，这样你才可能真正地了解对方的内心，才可能实现识心的目的。

慧眼识 心 法则

当你发现对方习惯性地交叉双臂的时候，你就要意识到对方内心和情绪的变化。通过对方的这个动作，来察觉到对方的真实内心。一个善于识心的人，是不会忽视对方的任何一个小动作的，在他们的眼中，对方的一个小动作都会促使他实现了解对方的目的。所以说，如果你想了解对方的内心世界，就要善于从对方的小动作入手，了解对方的小动作，分析对方内心的变化，从而抓住有利的性格特点，获得对方的信任，实现识心的目的。

辨别对方摆出的"假动作"

人的行为是由人的内心支配的，但是这不代表中间不会有人作假，其实行为作假方面比较擅长的人真的不在少数，如果你真的想知道他们行为背后的真相，就必须练就一双辨识人心的火眼金睛，从细微末节中识破他们作假的诡计。

当你和对方交流的时候，可能会发现对方的一些举动很奇怪或者是很难以理解，同样，这些举动往往会让你觉得失去了了解对方内心的方向性。一个善于识心的人，就要具备辨别对方动作真伪的能力，也就是说，你要能够辨别对方做出的动作是否是内心的真实表达，因为在很多时候，有的人不希望你去看透对方的内心，所以会摆出一些混淆你识别能力的动作，从而让你无法真正地了解对方的内心。因此，你要想了解对方的内心世界，就要学会辨别对方的"假动作"。

在交流的过程中，难免会遇到一些不希望你了解到对方真实内心的人，这样的人会选择用自己的动作来掩盖自己的思想和内心，从而让你捉摸不透，以至于不知道对方在想什么事情。这个时候，如果你能够辨别出对方哪些动作是真实的，哪些又是假装的，那么你就不会被误导，要达到识心的目的也将变得轻而易举。

"假动作"不仅仅在篮球比赛中才会有，在现实生活中，也不难发现。比如说当你和一个不太熟悉的朋友一起行走的时候，这时正好你刚从超市"狂购"出来，两只手都拿着很多的东西，而你的这位朋友一只手拎着公文包，显得很轻松，这个时候，如果对方想帮你去拿点东西就会主动地伸手，并且即便你拒绝对方的帮助，对方也会"抢"走你一只手中的东西。如果对方无心帮你拿东西，但是又觉得不帮你拿不合适，就会问你需不需要帮忙或者只是伸出手示意要帮你拿东西，如果这个时候你拒绝了对方的帮助，对方自然会十分的心安理得，如果你没有看出对方的心理，毫不客气地将手里的东西分给对方，对方或许会不太高兴。这就是对方摆出的"假动作"，你要能够辨别出来对方的这些假动作，从而更好地掌握交际的分寸，了解对方的内心。

在交际中，"假动作"是经常见到的，只是看你是否能够分辨出对方的假动作而已，所以说要练就自己的分辨能力就成了必须学会的，那么怎样做才能分辨出对方是否是在摆"假动作"呢？

要想把握对方的动作是否出于真心，就要仔细观察对方的全部肢体语言，比如说当对方伸手帮助你的时候，你要观察对方的表情，或者从对方的语言中去把握对方是否真心。要学会全面地去把握，这样才能让你正确地辨别对方的动作是发自内心还是在敷衍了事。

要想知道对方的动作是不是内心的真实想法，就要看对方所处的环境。环境对每个人来说都是十分重要的，在不同的环境中，对方的心情是不一样的，所以说你要学会从环境中把握对方的内心，从而把握好对方的肢体动作的真实含义，这样才能实现你识心的目的。

那么什么样的动作往往是假动作呢？比如说当你们几个员工在议论着今天开会的内容的时候，大家都对会上的一个决定很不满意，而只有其中一个人只是在微笑或者是在敷衍了事地说着，那么这个人的微笑就是一个假动作。他不想表现出自己的真实内心世界，所以就用微笑来掩饰自己的内心，或许他的内心也是一样不满意会议上的决定，但是他不会用生气的言语和表情来表现出自己真实的内心世界，而是用自己的微笑表露出自己没有丝毫的愤怒，所以说，如果你能够看出对方的这个"假动作"，你也就能够认识对方的内心。

同样在很多时候，一个人习惯看表也是一个假动作，比如说，当你们在交谈的时候，对方不时地看表，表面上看，对方似乎是在看时间，但是很多时候其意义是，对方着急离开，或者是有什么事情等着去处理，但是又不好意思说要离开，所以这个时候你如果能明白对方的真实内心的话，你可以适时地离开，这样你就能够给对方留下很好的印象。同样在很多时候，对方不时地看时间，也可能是对你们交谈的话题不感兴趣，那么这个时候你就要学会转换话题，选择对方感兴趣的话题，这样你才能够实现识心的目的，也才能够真正地了解对方的真实内心世界。

如果在交往中，你看到一个人在说话的时候，总是不时地回头或者是盯着其他地方，那么证明这个人是心不在焉，并不是因为他对所观察的事物感兴趣，或许在你和对方交谈的时候，他正在想其他的事情，这个时候，他为了避免你从他的目光中看出自己的思想，就故意地盯着周围的事物，给你一种对其他事物很感兴趣的错误感觉。所以说，要想看清对方的真实内心，就要分清对方的动作是不是真实内心的表现，从对方的"假动作"中，领会出真实的内心世界。

　　谎言总是会被戳穿的，不管是肢体上的谎言，还是行为上的谎言，只要你会辨别、会分析，总会发现对方没有掩饰住的马脚，要知道"假动作"永远不会是"真动作"，时刻保持警觉和冷静的思考，就一定能够练就去伪存真的锐利眼光。

慧眼识 心 法则

　　在交往的过程中，很多时候对方不希望你看到他的真实内心，因此会摆出一些动作来误导你的认识和思想。如果你辨认错误对方动作的真伪，那么你很有可能交际失败，这样也就谈不上识心成功了。很多人习惯了用一些肢体动作来掩盖自己的真实内心世界，所以在交际中，你就要善于分析对方动作的真假，从而达到识心的目的。

认知微笑的不同含义

    不管是开心还是痛苦，都可能会用微笑来表现。在这个时候你很难看到对方的真实内心，这个时候你要学会分析才能够真正地了解对方。不管是在生活中，还是在工作中，无奈的表情往往也是微笑的代名词。在微笑的时候，你或许会看出对方脸上的苦涩，因此，要学着认识微笑。

    脸部表情在反映一个人的情绪中，占有很重要的地位，它是鉴别情绪的主要标志，也是识心的重要途径。人类的心理活动非常微妙，但这种微妙常会从表情里流露出来。人们在喜悦时会表现出高兴的表情，脸颊的肌肉会松弛，这个时候就会出现笑容，当然微笑不一定是因为开心或者是高兴，愤怒悲哀或憎恨至极点时也会微笑。因此，要想识心成功就要学会分辨对方微笑的含义，认识其中的奥妙。微笑是一个人心情的体现，笑的习惯有着千差万别，但通过观察笑的方式却能识别一个人的内心和性格。不同的时间，不同的场合，不同的心境下微笑的含义是不同的，要想了解到对方的真实心境，就要学会分析微笑的不同含义，从而实现自己的成功识心。

    微笑的含义有很多种，通常听到这样的说法，说脸上在笑、心里在哭。纵然满怀敌意，但表面上却要装出谈笑风生，行动也落落大方。人们之所以要这样做，是觉得如果将自己内心的想法毫无保留地表现出来，无异于违反社会的规则，甚至会引起众叛亲离的现象，这是不得已而为之。因此，不要以为微笑就是开心、就是美好，在很多时候微笑就是无奈的表现。在现实生活中，观色常会产生误差，满天乌云不见得就会下雨，笑着的人未必就是高兴。很多时候，人们苦水往肚里咽着，脸上却是一副甜甜的样子。反之，脸拉下来时，说不定心里在笑呢。因此，要学会分析对方微笑的含义，这样才能真正地了解对方当时的心情，才能实现识心的目的。

当然，要想了解一个人微笑的含义，通过对方微笑的动作来了解是十分必要的，有的人在高兴的时候，总是习惯性哈哈大笑，毫无拘束，这样的人性格一般是乐观开朗的，性情也是十分豪放的，对于这样的人，你没有必要拖泥带水，可以直来直往地交流。有的人在笑的时候很少捂嘴，并且微笑起来很夸张，与陌生人交往的时候显得不够热情和亲切，一旦与人真正的交往，却是十分地看重友情，并且在一定的时候，能够为朋友两肋插刀。所以说，从对方笑的动作上也能够分辨出对方微笑的含义，从而了解对方的性情，最终了解对方的真实内心世界。

从眼神上来看，有的人微笑的时候眼神总是看向他方，这样的人其实并没有认真听你的言谈，但是又不好意思打断你的讲话，所以只能应付地微笑着，他们心里想的可能是你会在多长时间内结束你的讲话，而不是因为你的讲话而微笑。这种微笑多半是敷衍的微笑，你要认识到这一点，从而选择对方感兴趣的话题去谈论，这样才能实现识心的目的。

（1）微笑可以表示自信

在很多时候，一个人的微笑往往是自信的表现，比如说在一场运动比赛中，一个选手在比赛之前冲着跑道微笑，表明他的自信和沉稳。相反，当你看到一名运动员在比赛之前总是唉声叹气或是愁眉苦脸，那么他内心必然是紧张的，或者是没有信心的。所以说，微笑是自信的表现，从对方的微笑中就能够看出对方的实力。

（2）微笑是在掩盖自己内心的伤痛

很多时候，一个人微笑不一定是开心的表现，恰恰相反，对方的微笑就是在掩盖自己内心的痛苦。比如当你的同事在开会的时候受到了上司的批评，但是会后还是和你们微笑着谈论会议内容，微笑着去吃饭聚餐，但是从对方的微笑上你也许会感觉到。那么这个时候，对方很有可能是在用微笑来掩盖自己内心的伤心或者是不开心，如果这个时候你以为对方不在乎会议上的批评，还在讲述会议上的内容，那么很可能会伤害到对方的情感。

（3）微笑是无奈的表现

在很多时候当一个人对一件事情感到无奈时，也会微笑。比如说当你的同事处理工作总是手忙脚乱，总是帮倒忙，这个时候你会感觉很无奈，但是又不好意思批评对方，因为对方也是出于好意，所以这个时候，你会微笑地对待对方的手忙脚乱，但是同时可能会叹气表示你的无奈，这个时候微笑也就是无奈的表现。

（4）微笑是紧张的表现

微笑往往也是一个人在紧张的时候的表现，当对方在紧张的时候会微笑。比如说，当一个新员工第一次见到老板时或者是第一次被老板训斥时，难免会十分的紧张，这个时候，他既不能表现得很伤心也不能表现得十分的不在乎，当老板问他一些问题的时候，他只能紧张地用微笑来掩盖。所以说在很多时候，微笑也是紧张的表现，紧张得不知道如何言语的时候，他们会用微笑来代替。由此可见，微笑不一定是开心的代名词，往往是紧张的掩盖物。要善于分析对方微笑的真实含义，这样才能够达到识心的真实目的。

一个善于识心的人，总是能够通过对方的面部表情来读懂对方的内心。尤其是对方的微笑，要知道一个人的表情最直接的体现就是微笑，但是微笑并不代表着开心，在很多时候微笑是担忧或者是无奈的外在表现，所以说这个时候，你就要学会分辨对方的真实思想，从而了解对方的内心世界。

微笑不代表一个人开心，恰恰相反，微笑往往当做心灵的隐身衣，让你看不见对方的真实感受。在生活中，你要认识一个人的真实内心，就要善于分析对方的微笑，从微笑上看出对方的喜怒哀乐，从而走进对方的内心世界。

慧眼识 心 法则

总是微笑的人不一定总是快乐的，同样快乐的人也不一定会用微笑来表达。由此可见，微笑的含义不是单一的，在实际生活中，你要想了解透彻对方的心境，就要善于分析对方微笑的具体含义。这样才能让你识心成功。在不同的场合，微笑的含义是不同的。所以说，分析微笑的含义是离不开具体的场合的。当然微笑和职业也是有一定关系的，有些职业性的微笑你更应该要学会辨别，这样才能让你识心成功。

行为解人法
行为也是一种无声的语言

59

本章小结

　　要想认识一个人的真实内心，最直接也最明了的认识途径就是观察对方的外在行为。因为一个人的内心变化往往会通过外在的行为举止来反映，当然，有的时候也会出现虚假的行为举止，这是因为很多人不希望自己的内心世界被别人彻彻底底地了解，所以在通过行为举止了解对方的时候就要学会辨别对方行为的真假。

　　那么要通过几方面来了解对方的举止，或者是认识对方的内心世界呢？其实说起来很简单，简单的一个手势，无意之间的坐姿和站姿，甚至是对方行走间的频率和速度都可以很好地判定对方的性格。当然，我们绝对也不要忽视了对方挂在脸上的微笑，因为那很有可能暗示着其内心正在进行着某种玄妙的变化，这一切的一切都是非常重要的。作为一个想要辨识人心的人，倘若你真的想走进对方的内心世界，就要时刻注意观察对方的每一个行为举止，然后在瞬间快速地进行准确的分析，最终将对方最准确的性格信息牢牢地把握在自己手里。

外表析人法
——别说外表对识心没有任何意义

　　一个人的外表往往会承载很多个人的信息，通过外表来了解一个人的真实内心往往是十分重要的途径。或许你会说，看人不能只看外表，这也是很多人常说的一句话，但是你不得不承认，一个人的外表是十分重要的，因为外表往往会承载内心的很多信息，也只有你领悟出来这些信息才能够让自己成功地实现识心的目的。

注意衣着色彩反映的内心奥妙

颜色是十分重要的，我们的生活也是充满各种颜色的，俗话说，生活是五彩缤纷的。同样，在穿着上不同的颜色也有不同的含义，很多时候服装的颜色往往是一个人内心的表现。不同的颜色有不同的内涵，不同性格的人有不同的颜色爱好。要想了解一个人的性格或者是内心世界，就要学会从他的穿着色彩上去着手。

颜色对一个人来说不仅仅是为了美丽，也不仅仅是为了吸引对方的注意力，服装的颜色往往还有一个表达自我内心的用途。有的人希望通过服装颜色色彩来凸显自我，彰显自己的个性。有时候，人们又希望通过服装的色彩来掩盖一些事情，尤其是对于那些不希望别人来了解自己的人，就会通过服装的色彩来混淆你的注意力，所以你就要学会分辨对方的真实内心。

我们常常会看到一个穿得五彩斑斓的人，这样的人从我们眼前走过的时候，我们会感觉到眼前一亮，不是因为对方的服装款式，而是因为对方服装的颜色，这样的人往往性格比较开朗，喜欢与人交际，不喜欢死气沉沉的环境。和这样的人交流往往会比较简单，因为对方十分的健谈，不用你想办法，对方就会自己讲述自己的内心世界。所以说，这个时候你需要的只是认真地聆听对方的言语，从而了解对方的内心世界。

如果当你看到一个人穿着一身的灰色或者是黑色，那么这个时候你就要思考对方可能是一个性格上比较内向，内心比较压抑的人，因为这样的颜色总是给人一种压抑和没有活力的感觉。但是这个时候你也不要断然认为对方是一个不太爱交流的人，或许对方是因为天气或者是场合的原因才选择这样的衣服的。如果一个人习惯性地穿这种深色调衣服的时候，你就要考虑了，如果你能够认识到这一点，那么你也就很可能了解对方的内心世界，要知道一个内向的人，是很少能够被别人了解的，这样一来你就会成为对方的好朋友，那么你的交流目的也就自然而然地实现了。

还有的人十分喜欢冷色调的衣服，比如说蓝色。这样的人，往往有着理智的思想，他们的思维往往十分的理智，同时也比较沉稳。这样的人不容易感情用事，也不容易冲动，他们做事情总是有条不紊，并且思绪十分的清晰，总是能够在理智的思维下做事情，不会因为自己的不谨慎而影响到自己的成功。所以说，当你与这样的人交际时，你就要注意自己的言行，从而把握对方的真实内心世界。

喜爱红色衣服的人，总是会情不自禁地将所有的东西都买成红色，在他们的生活中，你或许会发现到处充满着红色。这样的人往往是一个热情的人，他们总是能够热情地和你交流。同样，这样的人是一个比较容易冲动的人，对他们来说感情是生活的必需品，做很多事情都是靠感情或者说是靠感觉的，所以这样的人很容易感情用事。对于这样的人，你也要表现出你的热情，只有当你热情地对待对方的时候，对方才会加倍地对你热情，从而表达出自己的真实想法，最终表现出自己的内心世界。他们往往不会害怕被他人了解，因为对他们来说，被别人了解就是一种幸福。所以与这样的人交往，你不需要过于主动，只要学会热情就

外表析人法
——别说外表对识心没有任何意义

63

足够了，对方会主动地将自己的真实想法告诉你，从而让你了解到他的真实思想。

　　一个喜欢穿绿色衣服的人，往往是一个积极向上的人，在他们的思想上，往往是乐观的。在生活中，也是比较向往自然的，尤其是对于外界的环境，总是喜欢自然，他们不喜欢过多地装饰，认为自然的才是真实的。所以，在性格方面是一个比较乐观、积极向上的人，同样，他们喜欢自己的朋友也是积极的，即便是遇到困难也希望能够面对困难，在他们的思想上，不允许自己逃避困难，但是，他们的忍耐力是有限的，如果超过他们忍耐的限度，那么他们会完全崩溃，不管是做什么事情，都会失去信心。他们的信心往往是来自朋友或者是家人的鼓励，如果失去了别人的鼓励，那么他们往往会变得失去信心，也会放弃，所以说喜欢绿色衣服的人，往往有着开朗的性格，但是缺乏一定的耐心和承受力，心理素质也不够强。

　　喜欢穿白色衣服的人，在生活上往往是十分讲究的人，起码都是很讲卫生的人，在他们的心目中，白色是纯洁的象征，所以他们希望自己是纯洁的，给别人留下的印象也是一个比较纯洁或者说是比较诚实的感觉，但是他们的思想往往过于简单，不能够面对复杂的现实生活。同样地，他们也是比较阳光的，能够乐观地对待身边发生的事情。当然，白色也能够表现出大方得体，他们做事情也是能够把握大局的。

　　一个善于识心的人，是不会轻易放弃对方的外表的，尤其是不会忘记通过对方服装的颜色来了解对方的真实想法的。不同性格的人对不同的颜色有不同的情感，有的人喜欢色彩艳丽的衣服，那么这样的人往往是一个善于交际的人，也是一个乐观开朗的人。同样，有的人喜欢色彩沉重的衣服，这样的人往往是偏重于内向，也是比较稳重的，所以说了解色彩的深层含义是十分重要的，也是识心必不可少的步骤。

慧眼识 心 法则

识心是从很多方面来实现的，其中要通过穿着的色彩来了解也是十分必要的，当然你想要通过色彩来了解对方的性格或者是内心，就要学会了解不同色彩的不同含义。不同的色彩有不同的含义，在不同的场合中，不同的颜色也有不同的含义，所以说要想了解一个人的真实想法，就要学会分辨颜色的内涵，从而实现识心的目的。

装束注注是内心的外在体现

一个人的气质是一个人内在涵养或修养的外在体现。穿衣打扮往往能够突出一个人的外在气质，从而吸引他人的注意力，同时也是一个人的真实内心的外在体现。

在日常生活中，外在装束的重要性比我们想象中还来得重要，虽然衣着仅限于表面，但却影响深远，因为人们习惯了以外貌看人，纵使工作能力再强，但言谈举止也是不可忽视的，在识心的过程中，对方的外在装束往往是内心的表现。

识心是需要很多因素的，要注意了解对方的着装，在很多时候，一个善于识心的人，会学会从对方的装束上了解对方的性格。当然不同的场合，有着不同的着装要求，所以说要分清场合，这样才能真正地了解对方的内心。

一个懂得识心的人，能够通过交际的场所来了解对方的着装。首先你要明确对方的地位和职位，这是了解对方着装，从而了解对方内心的关键因素。当你了解到对方的身份的时候，你会发现对方着装方面的讲究，从而发现对方的喜好，了解到对方的真实内心世界。

一个识心成功的人，总是能够分辨出对方不同装束下的真实内心。在很多时候，一个善于交际的人，总是愿意将自己打扮得比较平易近人，因为只有这样，才能给人留下良好的印象，从而也才能交到很多的朋友，所以说一个打扮比较平实，或者是打扮比较接近大众的人，往往是一个爱交朋友的人。当然我们也会时常发现，有的人总是将自己打扮得十分有个性，或者说非主流，这样的人往往给人不容易接近的感觉，这样的人内心或许不是表现出来的那样冷漠，他们多半内心充满着孤单和空虚，所以你要想和这样的人交往，了解到对方的真实内心，唯一的办法就是诚心，做到以心换心。这样才能真正透彻地了解到对方，不然你是无法真正了解到这样的人的内心世界的。他们往往都很单纯，只是外表看起来冷漠或者是比较难相处，所以说他们的装束往往是在掩盖自己的真实内心，这个时候你就要能够分辨出这一点，从而找到交流的方法，最终实现识心的目的。

一个人的外在装束往往是他的品位的体现，不要让自己的装束降低了自己的价值和品位。很多时候，能够识心成功的人也能够在适当的场合变换自己的品位和价值，这一点十分的重要。例如，当你和一切上层人物交流时，自己的着装就要符合大家的品位要求，不要因为自己的着装而被小觑。要学会适时地变换自己的品位，该选择高品位装束的时候就要学会装束高雅，该选择低端品位的时候，就要学会降低自己的装束品位和造价。

一个人的装束往往能够反映他们的真实内心，比如说当你看到一个喜欢在装束上下工夫的人，那么你就可以知道他们十分重视自己的外表，尤其是在公众场合，他们注重自己的形象，同时反映出他们是爱面子的人，希望得到别人的尊重，同时也害怕给别人留下不好的印象，所以说通过他们的外表可以看出他们的内心世界。

很多人都认为外在的装束不重要，在交际中，内在美才是最重要的。当然内在美是十分重要的，但是要知道内在美往往也会表现在外在装束上。

王宇佳是一家大型企业的业务员，她的客户往往是一些大公司的管理层。记得一次遇到一位客户，对方穿的衣服很"个性"，王宇佳每次见到对方的时候，对方的穿着都是很另类，就连她的头饰也像极了少数民族的头饰，王宇佳从对方的服饰上看出对方是一个比较喜欢民族服饰的人，对方的职业很可能是一个文艺工作者，性格上有自己独有的个性和崇尚的文化。

因为自己是苗族人，所以会有很多苗银的首饰，于是在见面的时候，王宇佳就送给对方一件苗族的手镯，客户当然十分地喜欢，接下来为王宇佳谈业务打下了基础。

通过这个例子可以看出王宇佳之所以能够顺利地开展自己的业务，

外表析人法
——别说外表对识心没有任何意义

67

是因为她能够抓住对方服饰的特点，了解对方性格和职业，从对方的服装上看出对方的内心偏好，从而了解对方的内心世界。由此可见一个善于识心的人，往往能够从对方的服饰上抓住对方的服饰特征，从而了解对方的喜好或者是内心，达到识心的目的，实现自己的交际愿望。

每个人都有自己的爱好，都有引以为傲的地方，尤其是自己的外在装束上，很多人都会为了突出自己的某个特点而下工夫，要知道这个特点往往包含着对方内心很大的变化，或者说，是对方内心的真实反映，在交际的过程中，你要善于通过对方的外在装束，来看到对方的内在美，只有这样你才能够完善自我的内心世界，认识对方的内心世界。

慧眼识 心 法则

在交流中，你的一举一动都会影响到你是否能够成功，更何况你的外在装束，所以说不要以为自己的装束只是自己的事情，和别人无关，要知道你的外在装束是你内心的体现。要想了解对方，就要让对方了解自己。要让对方从装束上认识到自己的真诚和可信，同时，你要善于通过装束了解到对方的内心世界，这才是你的最终目的。

个性化的衣着，让你了解得更透彻

在与人交往的过程中，你会经常看到穿着个性的人，他们的衣服总是让你意想不到，可以这样说，你会惊讶他们的衣服可以这样穿，也会惊讶他们衣服的造型和颜色搭配，你会认为这样的人是很难接近的，或者说这样的人在你的心目中是十分个性的。你还会觉得这样的人总是会离自己忽远忽近，倘若想同这样各色的人接触，并且走进他们的内心世界，你又该怎么做呢？其实，他们的性格早已经完完全全地表现在了他们与众不同的穿着上，只要你目光敏锐，就能在瞬间看穿他们的性格，走进他们的内心。

　　穿着对于一个人来说十分的重要，不同的着衣风格，会给他人带来不同的感受和留下不同的印象，很多时候你的穿衣风格会给对方带来一种容易亲近的感觉，同样也会给对方带来心理上的一种隔阂。对于穿着个性，总是爱玩儿非主流的年轻人来说，他们的打扮往往会出乎你的预料，同时你也会觉得很难理解，甚至不知道从何入手去了解对方的内心。在生活中你要想真正地了解或者走近他们，就非常有必要了解和分析他们穿衣风格中的奥秘，明白他们真正想要表达的是什么样的心情和对人生的态度，当你慢慢走近对方的生活，就会发现有时候他们并不像别人想象中的那么怪异，他们的内心世界或许比一般人还要丰富、还要绚丽。

　　在大街上你会经常看到一些年轻人，穿着很嘻哈的衣服，头发往往是染成黄色或者是其他的颜色，左耳上会戴着闪亮的耳环，他们很少说笑，走路也是低着头或者是四处张望，但是他们会避免自己的眼神和你的眼神发生碰撞。这样的非主流青年在生活中十分多见，他们给你的感觉或者是很难接近，或者说是冷漠。因为他们喜欢独自一个人待着，不喜欢和人搭讪，更不喜欢多说一个字。所以你会觉得和这样的人有隔阂，不知道从何入手去交往。其实，他们个性的着装，只是外表，他们

外表析人法
——别说外表对识心没有任何意义

冷漠的面孔下有一颗真诚或者说是真实的内心。这样的人，往往拥有自己的爱好，并且会将自己的爱好发展成特长，所以他们往往会在某一方面十分的出色。同时，他们其实十分希望能够拥有自己的朋友，寻找到懂得自己的知己，在他们的生活中，拥有知己是件幸福的事情，他们会认为自己可交讲义气，看淡名利的是是非非，对待朋友他们会拿出百分之百的真诚。所以，不要以为这样的人总是希望独处，如果你能够理解他们、愿意走近他们，就会感受到他们的热情，他们那种士为知己者死的真诚气概可以说是世间弥足珍贵的情感。如果你想要走近他们的生活，那么你就要学会打开对方的内心，当你看到对方个性化穿着的时候，首先要打破自己内心的隔阂，然后真诚地对待对方，这个时候对方自然而然地会对你敞开心扉，真诚以待，这样你会发现他们真实的内心生活。

当然在工作中或者是生活中，你也会发现一些女士总是喜欢穿很个性的衣服，她们的个性往往体现在衣服的风格上，从对方的穿衣风格上你能够感觉出来对方的个性和品位，通过对方的穿着你能够感触到对方的气质所在。这样的女士往往有着自己的人生追求，浑身也往往充满着艺术细胞，这样的人，往往是内心比较"飘荡"的人，她们喜欢自由自在的生活，因此她们往往从事的是自由职业，她们不喜欢拘束，对于拘束的生活她们甚至会产生厌恶之情。同样，她们的性格十分的开朗，喜欢结交各国的朋友，所以说你要想走进对方的生活也不是一件难事。当然，她们是十分有主见的人，不管做什么事情都有自己的想法，对于自己的想法，她们自认为还是十分的理智和现实的。这样的人，往往都有一丝丝的清高或者是傲气，所以说和她们在一起要时刻注意自己的言行，不要给对方造成被侮辱或者是被轻视的感觉，否则她们会对你毫不客气。同时，你要想走进对方的生活，或者说真正地了解对方，成为对方的知己，那么你就必须要和对方有共同语言，或者说你们必须要有一种共同的爱好，只有这样，你才能真正地了解对方，才能让自己获得对方的认可，从而才能让你实现识心的目的。

　　同样在生活中，你也会经常看到一些少言寡语，性格怪癖的人，这样的人，穿着上不喜欢过于夸张，他们不喜欢带颜色的衣服，不管冬夏，都是喜欢黑色或者是灰色的衣服，他们很少言笑，从他们的着装上你会发现，他们偏爱一种风格的衣服，偏爱一种颜色的衣服，偏爱一个牌子的衣服。他们有自己的偏爱，不喜欢大多人喜欢的东西。这样的人，在性格上往往是内向的，所以对于这样的人，你要想了解对方的真实内心，就要有足够的耐心，如果你没有耐心，那么你是不可能走进对方生活的。同时，你又要有足够的勇气，因为他们总是会对你冷漠。真正进入对方的生活中，你是会经常受到对方的打击的。所以说，对于这样的人，你必须要了解对方的爱好，尊重对方的着装风格，只有这样你才能真正地走进对方的内心，从而实现识心的目的。

　　一个善于识心的人，当然是不会放弃观察对方的着装的。当他们看到穿着个性的人的时候，他们知道怎么样去走进对方的内心世界。一个个性化着装的人，往往也是性格上比较矛盾的人，他们渴望被了解，渴望寻找到自己的知己，但是又不希望被彻底地了解，希望自己给对方带来一种神秘的感觉，所以说你要认识到对方的这点心理，这样才能够实现自己识心的目的。在生活中，对方个性化的穿着往往更有利于你了解对方的内心，因为这种穿着本身就是一种性格的信号。

不管是在生活中还是在工作中，我们往往都会看到一些个性化着装的人，对于他们来讲自己的个性化是独一无二的，他们喜欢独一无二的感觉，同时也希望被尊重，如果对方感觉不到你的尊重，那么他们会感觉到十分的沮丧，同时也不会让你走近他们。所以说和这样的人交往必须要真诚，只有真诚的内心才能够让你打开对方的心门。在生活中，个性化的着装往往能够让你更直接地了解对方的内心，更有利于你走进对方的生活。

不要被外表迷惑，善于领悟真心

在你与对方交际的时候，要学会通过对方的外表了解对方的真实内心。在很多时候，要知道对方的外表不一定是对方内心的真实表达，恰恰相反，很多人都会利用自己的外表来掩盖自己的内心世界，因为在很多时候对方不希望自己的内心被完全看穿，这样很容易被抓住内心的弱点。所以对方会用外表来掩盖内心的真实想法，所以说要懂得领悟对方的真心，从而识心成功。

很多时候你会不自主地被表面的事物而迷惑，或者说很多时候你会不自主地被对方的外表吸引，从对方的外表来判断一个人，当然外表往往是内心的承载品，但是不要完全被外表所迷惑，要知道外表也会掩盖真心，所以说你就要学会领悟对方的真心，只有这样你才不会被外表迷惑，才会识心成功。

当你和一个外表比较柔弱的女士交流的时候，不要简单地以为这位女士肯定是一个内心上也一样柔弱的人，更不要用自己的语言试探对方是否软弱，要知道在很多时候，外表柔弱的人往往有着坚强并且强大的内心，这个时候你就要学会从对方的语言上来了解对方的真实思想，从而获得更多的信息。不要以为这样的人是一个性格上软弱的人，要善于领悟对方的真实内心，这样才能够让你识心成功，达到了解对方的真实目的。

同样地，当你看到一个外表上看起来十分凶悍的男士站在你的面前时，不要认为他们内心也是一个十分粗鲁或者是粗暴的人，在很多时候，这样的人往往是十分幽默并且很细心的人。与这样的人交流，不要产生心理负担，更没有必要害怕对方的强悍，要善于了解对方的真心，通过和对方真心地交际，你会发现对方善良的内心，从而也让你们成为很好的朋友，最终实现自己的识心目的。

当你站在一个很少言语或者是不善表达自己的人面前的时，不要认为这个人表现出来的冷漠就是其内心的真实反映。也不要认为不爱讲话的人就是一个冷漠的人，一个善于识心的人是不会轻易被对方表现出来的现象所迷惑的，他们总是能够通过表现看到对方的真实内心。所以当你看到一个不善言谈的人时，不要以为对方是冷漠的，或者认为对方是不希望被了解的，这样的人往往都希望自己能够被了解，从而交到更多的朋友，所以说你就要透过表象，看透对方的内心世界，最终识心成功。

　　一个外表大大咧咧的人不一定就是一个没有心机或者说什么都不在意的人，他们很多时候都是十分在意一些事情的，只是表现出让你觉得什么也不在乎，从而放松对他的警惕，所以说不要单纯地以为这样的人的内心也像他表现出来的那样满不在乎，要知道对方也有自己想要得到的，也有自己的目的性。只有认识到这一点，你才能够做好必要的防范，最终实现识心的目的，帮助自己成就自我。

　　一个人的外表很多时候是可以反映一个人的真实内心世界的，但是很多时候也能够误导你对对方的了解，比如当你看到一个人染着黄色的头发，穿着很嘻哈的衣服，那么你肯定以为这样的人是十分难相处的，或者说他们有着自己的个性，往往不喜欢被约束，也会给人难以靠近的感觉。但是很多时候，他们希望交到真正的朋友，如果你能够真诚地对待他们，他们会很乐意与你建立友谊，也会很真诚地对待你，在你需要帮助的时候，他们往往会不顾一切地帮助你，所以他们的内心往往是十分友好的，而你从他们的外表却感觉不出友好，所以说外表有的时候会误导你，会影响到你了解对方的真实内心世界。

　　梁晓华刚进入一家外企的时候，认识的第一个同事就是王方宇。王方宇给梁晓华的印象是大大咧咧不拘小节，外表看起来总是十分地活跃，思维比较简单，同时对待同事也是十分地热情，在穿着上，总是喜欢穿红色的衣服，所以也显得十分地有活力。

　　记得梁晓华有一次在工作中犯了一点小小的错误，庆幸的是自己的领导没有发现自己的错误所在，而这件事情却被王方宇知道了。事情过去了一个星期，领导莫名地将梁晓华叫到办公室，批评他所犯的错误。

梁晓华十分不解，不知道是谁告诉了领导。后来通过自己的打听，得知是王方宇告诉了自己的领导。通过这件事情梁晓华了解到王方宇并不是外表表现出来的那样，是一个没有心机大大咧咧的人。

通过这个例子可以看出梁晓华没有认清王方宇的真实内心，才会被王方宇大大咧咧的外表所误导，由此可见，一个人的外表往往会误导你去认识对方的内心世界。外表在一定程度上或许会表现出对方内心的一部分，但是很多时候外表也会迷惑一个人，所以要学会分辨对方的外表是否是内心的真实反映。

一个善于识心的人，是不会完全相信表象的，他们会通过表象的东西来认识对方的内心变化，或者是通过对方表达出来的现象来领悟对方的真实内心。这样不但不会被对方的外表所迷惑，也不会让自己走入误区，所以说要想认识对方的真实内心，就要善于通过表象，看透事实，领悟对方的内心世界，最终实现识心的同时让自己得到发展。

慧眼识 心 法则

一双智慧的眼睛，不仅仅要能够看到表面上的奢华和美丽，更应该看到深层次的枯燥和沉默。一双充满智慧的眼睛，不仅仅要能够看到对方表面上的真实，也要能够分辨对方的内心是否真实。所以说在生活中，需要你去练就自己的慧眼。识心需要你有着很强的分辨能力，在很多时候你都要能够通过自己的眼睛来实现自己的成功。识心也是一样，你要想能够真正地了解对方，就要打破表象，抓住对方的真实内心。

戴手表不一定是有时间观念

在生活中，你会经常看到戴着手表的人。戴着手表的人在很多时候总是不停地看自己的手表，似乎有什么重要的事情要做，又像是很忙的样子。但是在很多时候，戴着手表只是一种习惯，或者说戴着手表有时候并不能代表着什么，反之，有的时候戴着手表能够让你看清对方的内心世界，实现识心的目的。

很多人都喜欢戴手表，这不仅仅能够方便自己看时间，在很多时候，戴着手表是一个人拥有强烈的时间观念的表现。对于很多人来说手表比手机重要，他们需要按时完成自己的任务，或者说自己的行程总是安排得十分紧密，这样的人总是很重视自己的时间，不肯浪费一分一秒，当然也不希望自己因为时间而影响到自己的工作。所以说，手表可以让你看到对方的时间观念，同时也能认识到对方的真实内心。

当然，并不是所有戴着手表的人就是时间观念很强的人，这样的人在生活中往往占少数。那么怎样来辨别对方是否拥有很强的时间观念呢？

你会看到一个穿着非主流的人，他喜欢戴着很奇特的手表，对于这样的人来说手表的功能大半是用来装饰，而不是用来看时间的，所以对于这样的人，你就要知道对方的内心世界。不要认为这样的人也是一个时间观念很强的人，往往相反，这样的人总是很少看时间的，做事情也不喜欢按时间来做，他们的手表不是为了显示时间，而是为了装饰自己的外表，如果你能够看透对方的这一点心理，那么你也就能够认识对方的内心，从而更好地了解对方。

同样，当你看到一个人戴着名贵的手表，但是很少看时间，他宁可利用看手表的时间打个电话，这样的人总是习惯性地问自己的秘书是什么时间，接下来的行程是什么，这样的人不一定是一个拥有很强时间观念的人，但是他们的手表绝对是"面子"工程，戴手表是为了使自己更有面子，尤其是在自己的朋友面前，手表往往是自己身份的体现。所以说，对于这样的人，要了解对方的内心，从而才能实现自己的成功突破。

当你看到一个总是习惯戴着手表的人，不管是在什么情况下，他都戴着自己的手表，不停地看自己的手表，这样的人将看时间、看手表当做自己的一种习惯，对方并不一定是关心时间，而是因为这只是一种习惯，或者说是因为无聊，看手表也就是在打发时间，对于这样的人，不要要求他不要看时间，也不要以为他看时间是因为很忙，如果你能够了解到这一点那么你也就能够成功地交际，达到识心的目的。

一个善于识心的人，总是能够看懂对方的真实内心，如果当你看到一个人没有必要戴着手表，但却总是戴着一个很昂贵的手表，那么这样的人，也可能是因为他是一个爱表的人，很多人不是因为时间而戴手表，而是因为自己喜欢手表，在生活中，他可能很爱搜集手表。或者对方是一个内心虚伪的人，总是希望别人也能看到自己昂贵的手表。对于这样的人你要彻头彻尾地明白对方的心思，从而为自己赢得成功的机会。

李昌华是一家公司的高层主管，在他的交际圈中，全是一些白领，为了能够彰显自己的地位和身份，他花了自己两个月的工资买了一块手表。李昌华说："在交往中，很多时候需要手表来提升自己的身份地位，这也是一个人身份的象征。"

外表析人法
——别说外表对识心没有任何意义

李昌华记得第一次参加业务上的一个派对时，看到很多人都戴着名贵的手表，他听一个客户是这样说的："手表是身份的象征，戴名贵手表的人往往不是为了看时间，即便我没有那么多的资本，也要戴名贵的手表，很多时候，别人看到你的手表就会和你合作，这叫'等值'合作，如果你穿的戴的都是市场上淘来的，即便你有很强的能力，那么也会失去很多机会。"

通过这个例子可以看出在很多时候，手表往往能够彰显一个人的身份和地位，这在人际交往中是十分必要的，也是十分重要的，手表不一定是时间观念强的代表物，往往是为了彰显自我的地位或者是资本的代表。通过手表你可以看出对方的性格或者是职业和地位，这对你了解对方的内心世界是十分有帮助的。

手表的功能是多方面的，不仅仅是用来看时间，很多时候也能够彰显一个人的真实内心世界，尤其是在物质生活极为丰富的今天，手表的款式越来越多，从不同的款式上就能够看出一个人的真实内心世界和他的性格特点。比如说，当你看到一个人很喜欢戴卡通款的手表时，那么证明对方内心是充满孩童气息的，这样的人一般都比较好接触，在交际的时候也很容易相处。如果当你看到一个人选择的手表的款式是比较板正的，那么这样的人可能性格上比较内向，工作中比较严谨，对于这样的人，你讲话办事就要注意。

喜欢戴着手表的人不一定是一个拥有很强时间观念的人，同样如果你看到一个总是很忙碌的人，不时地看着自己的手表，似乎总是在计算着时间做事情，不肯浪费自己的一分一秒，那么他们往往是一个时间观念很强的人，时间对于他们来讲比一切都重要，因此手表也是他们生活中必不可少的。所以说，与这样的人相处，你一定要掌握长话短说的技巧，尽可能地"速战速决"，只有这样才能不招致他们不耐烦的情绪，并且认为你是一个同样很讲时间效率的人。

慧眼识 ⟨心⟩ 法则

不要将手表直接换算成时间，因为很多时候手表不是为了看时间，而是为了彰显自己的性格或者是用于其他的目的。在商场上，手表是地位和资本的代名词。在职场上，手表又是性格和自我魅力的表达器。不要单纯地以为戴手表就是时间观念强，因为时间观念强的人往往不会让你看到他的手表。因此，要通过对方所戴手表的款式，来了解对方的性格，从而通过手表更好地缩短了解对方内心的时间。

衣着品位，察点人生

在生活中，你可能会有这样的感觉，当你看到一个人的时候你会发现对方的衣着给你一种很舒服的感觉，或者从对方的衣着上你能够看出对方的品位。通过衣着来表现自己的品位是很重要的交际方式，你所穿的衣服往往会给人留下不同的印象，同时也会给人带来不同的认识，所以说在生活中，要注意对方的衣着，了解对方的个性，从而参透对方的性格，最终实现自己识心的目的。

一个人的穿衣风格，往往会体现一个人的品位。或许你会觉得即便了解一个人的品位对于识心来讲也不一定有什么帮助，如果你真是这样

79

认为的那么你就错了，在生活中要知道了解一个人的品位，你就能够知道对方的一些爱好或者说是喜好，这样一来，你也就自然而然地知道对方的心理特征，投其所好，最终实现识心将不是一件难事。

或许你会认为一个人的品位和金钱是分不开的。在很多时候，你要想通过穿衣来体现出自己的品位，是离不开金钱做支持的，所以说在很多时候，物质上的支持虽然会在表现自己品位方面起到一定的作用。但是品位却不是简简单单地靠着金钱就能买到的，所以说不要以为高品位的人是拜金主义者，更不要以为玩品位的人都是在浪费钱财。要知道很多人的爱好和金钱无关。要想了解一个人的品位就要学会尊重对方的爱好，只有这样对方才会真正地向你敞开心扉。

高品位的人往往会喜欢一些高雅的东西，但这样高雅的东西不一定是昂贵的事物，要明白这一点是十分重要的。不要以为高品位就是高价的，更不要以为玩品位就是在玩金钱。真正的高品位不只是追求高价的物质，更是追求一种精神上的享受，要知道精神上的享受往往比物质的满足更能让人喜悦。当你看到一些人即便不是足够富有，但是还是会坚持去听京剧，去了解一些传统文化，这样的人就是一种高品位的人，因为文化的高贵是无法用金钱来衡量的，对于这样的人，他们往往是有自己的偏好的，同时，他们也是有自己的思想的，他们不允许其他人侮辱或者是轻视自己的喜好或者是自己喜欢的文化，因为这些文化在自己内心是重于泰山的，是十分高尚的。所以说对于这样的人，你就要学会从实际出发，了解对方的内心需求，最终实现自己的交际成功，达成自己识心的目的。

当然很多人的高品位是离不开金钱的支持的，比如说很多人喜欢名表或者是名包，对于他们来说自己的穿着或者是佩戴就是自己品位的体现。当你看到一位衣着款款的男士戴着很昂贵的名表时，你会自然而然地觉得对方是一个有着高品位的人，你不会相信这样的人会穿着一身的名牌去地摊吃饭，更不会相信这样的人会满口脏字，所以说衣着上的高品位往往会给人留下绅士的感觉和印象。但是要知道这样的人多多少少都有一些虚荣心，他们希望表现出自己的高贵，不希望别人小觑自己。所以说对于这样的人，你要学会时刻地抬高对方，不要让自己压低对方，不然你是不会走进对方的内心世界的。

"我作为一个知名企业的人力资源部经理，基本上每年都会招聘新的员工，对于新员工的面试，面试的一项评分标准就是看对方的穿着，第一是看对方穿着是否符合一个即将进入工作的人员的着装要求，在面试的时候会经常看到有的女孩子穿着凉拖就来参加面试了，这样的员工对于企业管理人员来讲，往往是一个很大的挑战，因为这样的员工往往自我意识太强，不愿意接受领导的建议，从而也会影响到团队的其他成员。这样的着装往往会给面试者一种散漫的感觉，所以说我们面试的过程中，是十分注意员工的着装的。"李霞飞这样讲道。

外表析人法——别说外表对识心没有任何意义

通过李霞飞的讲述可以看出，不仅仅是在面试或者是在工作中，着装往往是你的第一印象能够过关的关键所在。不管是在工作中还是在生活中，在恰当的场合要有恰当的着装，当你发现自己的着装不适合所处的场合的时候，自身也会感觉到尴尬，他人也会质疑你的品位。通过对方恰到好处的着装，你也能够了解到对方的内心世界，看透对方的真实想法。比如说当你看到爱穿运动装的人的时候，你就要想到对方可能是职业要求或者是自己的偏好，这就要分为两个方面去了解，不同的着装目的，往往有着不同的内心变化。由此可见，不同的着装习惯和偏好往往能够体现出不同的人生，同时也能够帮助你认识对方的内心世界。

一个善于识心的人，总是能够抓住对方的着装特点，通过对对方着装的了解和分析来认清对方的性格，从而达到自己识心的目的。当你看到一个着装上十分讲究的人，他们的性格上往往希望得到别人的尊重，总是希望给对方留下好的印象，所以对于这样的人，你要学会从对方的思想出发，从而满足对方内心的那点虚荣，这样对方会感觉到你十分地尊重自己，所以会毫无顾忌地将自己的内心世界展现在你的面前，这样你也就能够更好地达成识心的目的。

慧眼识 心 法则

　　不同的着装喜好往往能够看出不同的性格特征，从对方的性格上当然也能够打开了解对方内心的突破口。通过对服装的追求，你能够了解到对方的品位。当然不同的着装追求往往也有不同的人生追求。虽然有的人物质上不是很丰富，但是他们会从自己的着装上体现出自己的品位和人生偏好。在生活中，很多人不允许自己放弃某种高尚的文化素养，同时他们会将这种素养表现在穿衣风格上，所以说你要学会从对方的穿衣风格上了解对方的品位，从而查点对方的人生，最终实现自己的识心目的。

化妆与尊重之间的妙趣

　　化妆是女性装扮自己的重要方式，在生活中，很多女士都喜欢化妆，俗话说得好，"女为悦己者容"。而事实上，女性的妆容不仅仅是为了取悦他人，更是展现自己美丽的一种方式。化妆是女性非常私人化的活动，因而体现着女性的性格和喜好。同样，化妆在很多时候也是对别人的尊重，在很多时候你的装饰就是在表达自己对别人的尊重。

在生活中，我们会经常看到喜欢化妆的人，尤其是女士都喜欢化妆去上班，当然也有很多人不喜欢化妆去上班，在他们看来化妆只是在平时休息的时候做的，去上班的时候不能够化妆。但是要知道化淡妆或者是职业装上班是对对方的尊重，当你带着疲倦的面孔去上班时，给别人自然而然留下不好的印象，同时也会间接地影响到对方的心情，所以说很多时候化妆不仅仅是对别人的尊重，也是顾及对方心情的表现。

在生活中喜欢化淡妆的女人大多是职业女性，她们往往有良好的教养，同样文化水平高，有很好的个人涵养，化淡妆对她们来说不仅仅是工作的需要，也是对别人的尊重。她们一般都很低调，不喜欢表现自己，尤其是在人多的地方她们往往低调从事，同样也不喜欢引起他人的关注。她们很有智慧，无论是人际关系上还是爱情上，她们都懂得收放自如。她们的心思在工作上，勤劳踏实是她们的个性。她们不会在化妆上浪费太多的精力和时间，而化妆对她们来讲只是维护个人形象和工作礼貌的需要，也是工作中表现自己的礼貌和尊重的手段。在人际交往中，她们有主见，有自己的想法和思维，不会盲从他人。当然，她们大多在事业上都会小有成就。和她们相处，会感到她们的温和与亲切，她们没有架子，非常平易近人。她们注重他人的感受，不会给别人带来压力和尴尬。她们希望得到他人的承认和尊敬，同样，她们化淡妆就是为了获得对方的尊重，也是表示自己对对方尊重的一种方式和体现。

当然，在生活中，我们也会经常看到化浓妆的女性，她们有很强的表现欲。她们非常在意他人的看法和眼光，并且希望得到他人的关注。

但是在很多时候她们往往是因为工作来化妆的，她们即便是化浓妆也是希望能够得到对方的尊重，她们不希望自己的倦意被别人看到，更不希望因为自己的心情不好而影响到其他人的心情。同时，她们有时候喜欢我行我素，在性格上不够平和温柔，容易给人一种盛气凌人的感觉。但是她们的本意不是不尊重对方，而是不希望自己被别人小觑。

在生活中，很多女性不喜欢化妆，这样的女人坦诚率真，心地简单善良，追求简单自由、无拘无束的生活。她们有很强的独立意识，为人真实不做作，也非常值得信任。她们做事依靠自己，个性坚强而独立，不喜欢别人帮忙。她们非常注重个人空间。在恋爱时，她们一般不会依赖男人，她们在乎男女平等。由于她们的独立个性和不注重修饰，有时候会让人感觉不够温柔，缺少了一些女人味。当然，不化妆是她们本性的表现，但是要知道有时候难免会影响到别人的心情，因为自己的脸色不一定都是很好的，当你将疲倦表现在自己脸上的时候，或许会影响到对方的心情。

席永霞是酒店的大堂经理，她的工作要求她必须化妆上班。"在刚参加工作的时候，不会化妆，上班的第一天没有化妆，但是酒店要求每个人都要化妆，第二天不会化妆的我就按照当时流行的浓妆，将眼影涂成了黑色。到了酒店，当时的大堂经理将我叫到办公室，给我说这样的装束很容易让客人误解，也会给自己带来不便，也是对自己的不尊重，开始还不知道她的意思，后来自己仔细想了想，从事酒店行业，对自己的着装或者说是自己定的装束要十分的注意，这不但是对客人的尊重，也是对自己的尊重。"

曾经有位顾客说席永霞有一种难得的气质，她的淡妆很得体，一看就给人一种干练高雅的感觉，层次感是不一样的，气场也很大。通过自己的努力，以及自己得体的装束，给每个客人都留下了好的印象，因此席永霞在短短一年多的时间内，晋升为酒店的大堂经理。

通过席永霞的例子，让我们明白一个人的装束是十分重要的，尤其是对不同的行业来讲，不同的装束往往会有不同的效果。所以说对于不同的职业，化妆的类型也是十分重要的。工作中，化妆的人不仅仅是对自己的尊重，往往也是对别人的尊重。当你看到自己的客人有着合适装束的时候，你或许会从她的妆容上看出对方当时的心情。这个时候你就可以适时地了解对方的内心世界，更好地实现自己识心的目的。

一个善于识心的人，一个能够尊重别人的人，总是能够顾及对方的心情。当你看到对方的装容时，要学会从对方的妆容上去了解对方当时的心态或者是了解对方的职业，这对于你走进对方的内心是十分必要的。如果从对方的装容上看到了对方疲倦的神情，就要学会从对方的神情出发了解对方的内心。

慧眼识 ⟨心⟩ 法则

善于识心的人，总是能够通过对方的化妆来了解对方的内心世界，同样地，对方也会通过你的装束来了解你的内心世界，在生活中，你要注意自己的装束，因为在很多时候化妆就是在对别人的尊重。当你带着疲倦的表情和脸色出现在别人面前的时候，就要考虑到自己是否会影响到对方的心情，所以说需要用装束来遮挡自己的疲倦，要知道你的装束会在无意间影响到他人的心情。

本章小结

　　一个善于识心的人，是不会放过外表这个途径来了解对方的内心世界的，因为在很多时候对方的内心世界往往会多多少少地体现在外表上，所以说要想真实地了解对方的内心世界，就要善于从外表下手，那么要从哪几方面来了解对方的内心呢？

　　首先是要看对方的衣着以及装束，学会从对方衣着的颜色来认识对方的内心世界，要学会分析颜色的内在含义，这样对你了解对方的内心是十分有帮助的。了解对方的装束当然就要看对方的打扮。再者就是看对方的手表，很多人喜爱手表，要知道手表的各种含义。最后，还要了解化妆，要知道不同职业的化妆有不同的要求，不同的装扮往往也是内心的真实表达。这些都是对方表现内心世界的外在体现，所以说要想更好地了解对方的内心，就要学会从外在上抓住深层次的含义。

处世取人法
——体味待人接物间的人性本真

在人际交往中，你会发现有的人很懂得如何接人待物，这样的人往往能够看懂他人的内心，因为只有了解到对方所想，才能投其所好，实现交往的目的。所以说在处世过程中，了解一个人的最好的办法就是观察对方的处世方法，从而学习对方的性格优点，了解对方的真实内心世界，最终实现识心的目的。

以礼检人，礼物是内心的表达

在人际交往过程中，礼尚往来是必不可少的，不要以为送礼是一件不好的事情，因为在很多时候，送礼就是在认识对方的内心世界，更是一种尊重和敬仰。在交流中，更要学会礼尚往来，要知道，一份礼物往往是对方真实内心的表现，在很多时候你能够通过礼物来认识对方的真实内心世界。

不要简简单单地认为送礼就是买昂贵的东西送给对方，这一个想法是有偏颇的。因为在很多时候所谓昂贵的东西是对方所不需要也不重视的，这样做反而会降低你自身的人格魅力，给对方留下一个不好的印象，更达不到识心的目的。当然通过送昂贵的礼物给对方往往也是内心的真实表现，虽然对你的交际不一定有好处，但是会帮助你实现识心的目的。

在送礼物的时候，你总是会考虑很多方面，有的人会考虑礼物是不是实用，是不是能够得到对方的喜欢，是不是对方所希望得到的东西。这些都是你送礼的出发点，但是反过来，对方送礼物给你往往也会考虑到这些，那么你就要善于通过对方的礼物认识对方的内心世界，从而帮助你实现交际的成功，最终实现识心的目的。

很多人喜欢送自己喜欢的东西给对方，这类人大多独立自强，但是内心脆弱，缺乏安全感。或者说在他们小时候，有些礼物是他们特别想要却没有得到的，所以他就希望自己喜欢的东西对方也能够珍惜并且喜欢。当然这也是一种缺失关爱的表现，他们需要安全感往往多于需要赞美，同时他们有强烈的占有欲。他们害怕伤害也害怕失去，总是希望将自己包裹严实。这样的人往往也是多疑的，他们不会轻易地相信别人，总是患得患失。这样的人很难打开自己的心扉，但是一旦他们开始相信某个人，接受他做自己的朋友，那么他们对朋友会百分之百地用心。

当然你也会遇到总是想送对方昂贵礼物的人，过度慷慨的本质是强烈的支配欲和虚伪的内心。送礼时的挥霍暗藏一种不由自主统治别人的欲望，需要对方回报和尽义务。因此，这样的人大都虚荣，爱面子，希望凸显自我。他们希望通过自己的礼物达到对方的认可，或者是能够得到别人的尊重甚至是对方的羡慕。这类人是自我意识很强的人，同样他们在生活中表现得又非常强势。他们喜欢掌控一切，主宰一切，无论是工作还是生活，他们都希望凡是按照自己的意愿发展，而一旦事与愿违，他们内心就无法平静。

"我希望这个礼物是对方生活中需要的。"很多人都希望自己送的礼物是实用的，这样的人往往最令人失望，也容易引起接收人的误解，因为他们送的礼物不仅普通乏味，有时甚至会适得其反。比如送给一个不爱学习的人一本书，他的出发点是好的，是希望对方能够更加地热爱读书，但是很像是在揭别人的短处或故意侮辱人家。送这种礼物的人在大多数情况下并无恶意，除非和他们非常不合，他们只是过于粗心，没有顾及他人的感受。这类人往往古板、不知变通，他们缺乏观察力，也缺乏创造力。他们不够体贴，做事也不细致，是粗心大意的一类人。因此，通过对方的礼物就能鉴别对方的为人，从而认识对方的真实内心

处世取人法
——体味待人接物间的人性本真

89

世界。

当然你也会经常发现一些人经常亲手做礼物送给对方，这类人非常有个性，而且创造力及动手能力极佳，他们不喜欢被同化，希望自己是独一无二的。他们非常注重别人的认可，并且对自己很有自信。他们往往是富有生活情趣，乐于享受生活的一群人。他们喜欢变化，追求新奇，不喜欢一成不变。这类人心思缜密，观察力强，懂得顾及他人的感受。所以对于这样的人，要善于认识到对方的个性美，从而才能够走进对方的内心世界，观察对方的内心想法。

同样你会发现一些人总是在送对方一些小东西，这些小礼物算是礼物但是又不能称得上是一件像样的礼物。这样的人可能有些不够大方，并且总有一些小心思。但如果他们平时很热情，和你关系还不错，那么不要被这种人的外部表现所迷惑。其实这种人非常值得密切注意，他们非常善于迎合别人，并表现出他人喜欢的一面。但是，他们的内心里却另有想法。他们比较关注自己，非常善于人际交往，懂得如何笼络人心，因此，在遇到这种人时，我们一定要多加注意。如果能够通过对方送礼物这个举动认识到对方的真实内心或者是真实性格，那么你也就能够很容易地鉴别出对方的人品，从而选择出自己交友的对象。

当然还有一种人，他们很少送对方礼物，能不送就不送，这类人表面上看来很吝啬，其实他们背后往往隐藏着既脆弱又矛盾的自恋情结。他们大多自我感觉良好，非常坚信自己的想法，他们有些固执，不愿听取他人的意见，也不会轻易受到外界的影响。他们有些盲目自大，过于相信自己，但是他们有时也盲目自卑，自怨自艾。他们的想法经常处于矛盾之中，是内心纠结的一群人。在他们看来，送礼是展示自己而不是取悦他人的。所以，为了不让别人失望，他们选择少送或不送。所以说，如果能够通过送礼看透对方的真实内心世界，那么你也就能够达到识心的目的。

一个善于识心的人，是不会放弃观察送礼这个过程的，因为在交际的很多时候，送礼是必须要做的事情，这也是体现一个人真实内心的时候。所以说，要想实现识心成功，就要能够从礼物上鉴别对方的内心变化和性格特点。

慧眼识 心 法则

一个善于识心的人，是会主动地去了解礼物的个性含义的，因为不管是谁，都应该在送礼物的时候多加注意，因为他人也往往根据我们的礼物对我们的个性进行判断，从而来了解我们的真实内心，要知道很多时候我们的内心所想是不应该被别人知道的。送礼是一种礼节，同样也是一种对对方的尊重，所以说要了解礼物的内涵，认识对方的真实内心，从而让你交际成功，实现自我突破。

求人先识人，了解对方内心是关键

在生活中或者是在交际中，你难免会遇到不顺心的事情或者是困难，这个时候你希望能够得到别人的帮助，这也是理所当然的事情，但是在你求别人帮你的时候，你就必须要先了解对方的人品或者是对方的内心，不是任何一个朋友都能成为你的"救世主"，更不是每个朋友都值得你去"求"，在很多时候，很多人不适合你去求助，所以说你要学会先了解对方的为人，然后再决定是不是要求助对方。

要向朋友开口求助，不是一件简单的事情，在很多时候，如果你的求助对象不适合，你的求助往往会让你变得更加的无助。所以说要想让自己渡过困难，同时得到别人的帮助，就要学会了解对方，同时认识对方的为人，从而再决定是不是去向对方求助。每个人都希望自己能够在失落或者是陷入困境的时候，有人来帮助，那么你就要学会识心，从而选择适合的求助对象，这样才能让你渡过难关，走出困境。

那么什么样的人才能求助，这就要求你先了解对方的真实内心，所以说要想尽办法了解对方的内心，这样你才能够决定是否要求助于对方。

首先，要先知道对方是不是一个热于帮助朋友的人，一个热心的人才会真心地帮助你，即便他不是你最好的朋友，但是他可能是你最需要的朋友，所以说要善于发现对方的这一特点。要想知道他是不是一个热心的人，从小事情就能够看出来，比如说，当你忘记带手机的时候，他会主动地给你他的手机，让你给家里打电话，或者说当你不知道所要去的地方怎么走的时候，他会放下自己的事情，带着你去你要去的地方办事情，这样的人一定是一个热心的人。所以当你遇到困难或者是不顺心的事情的时候，这么热心的朋友往往会主动地帮助你，即便对方不主动地提出自己的帮助，那么只要你张口，且对方能够帮助你，他就会很积极地帮助你走出困境，这个时候你的所求就会得到实现，最终你也就能够更加了解对方的内心，也能够最终实现你的成功交际。

再者，要看对方是不是一个可以信赖的人，很多人帮助别人都是有所求的，要知道这样的人往往有很强的目的性，所以如果你需要这样的人帮助，你是肯定要失去一些东西的。要想看出对方是不是一个可以信赖或者说是不是一个喜欢占别人便宜的人，从小事上也能看出来，比如说当对方看到你拥有别人赠送的两瓶香水时，她会说自己也很喜欢这个牌子的香水，但是一直没有买到，那么你只能说送给对方一瓶。或者是，当你陷入困境时，对方答应帮助你走出困境，只是是有附加条件的，当然这个条件是不会对你有致命的打击的，但是你也会因为这个条件失去很重要的东西，所以说这样爱讨价还价的人往往是不值得信赖的。尤其是当你陷入困境的时候，就要考虑好自己是不是能够承受住这个附加条件。只有你认识到对方的内心之后，才能决定是不是要求助于这样的人，这样才不至于让自己走出困境之后又陷入一个新的黑色旋涡。

最后，在很多时候，你的求助对象往往是你最要好的朋友，但是在很多时候你不能只是指望你的知己。要知道你对别人的求助也是一次交际的机会，这次交往的机会往往会让你拥有更多的朋友，所以不要以为求助别人是一件丢人的事情，要利用好这个交际的机会。所以说，你要学会寻找一个希望和自己交际或者说是能够达到互利的求助对象。当你发现一个人可能对你的成功有很大帮助的时候，你就要想想自己是不是也能够满足对方发展的需要，要知道互惠互利是一个人成功必须明确的。当你的求助对象是你的互利伙伴时，那么对方也是很愿意来帮助你的，最终你也会走出困境，最终实现成功。所以说要选择适合的求助对象，从而实现自己的超越与成功，同时又能够达到识心的目的。

当然，在交际中，你会发现当你求助的人无法帮助你的时候，往往是在浪费时间。比如说当你选择错了求助的对象，一般的情况是，对方不好意思直接拒绝你的请求，但是他自己又无法帮助你实现你的目的，所以会拖延几天的时间，然后告诉你无法帮助你，这样一来你就在无形中浪费了时间。所以说，你要想让自己求人成功，就要先考虑好对方的办事能力，让你了解对方的内心和真心之后，看到对方有能力帮助你，那么你再求助于这样的人，这样你才能实现求人成功，也才能实现自己的转折。

一个善于求人的人，总是会在求助于对方之前，了解对方的一切，了解对方是否适合自己去求助，然后了解对方的内心。当你发现对方是一个热心的人的时候，即便对方没有能力帮助你走出困境，那么对方也会主动地帮你想办法，真心地关心你的情况，这样的人一定是最值得你去认识的人。当你了解到一个人的真实内心之后，才能下决定是不是要求助于对方，所以说要知道了解对方内心的重要性。

慧眼识 心 法则

当你发现一个人总是很热情主动地为你提供帮助，那么这个时候你就要意识到对方的重要性，然后真心相待，不要错过这样的朋友，要知道这样的朋友往往是你陷入困境的救星，也是你陷入困境的求助对象。当你发现一个人总是在帮助别人之前讨价还价，那么这个时候你就要注意了解对方的真实内心，看清对方的心态，再决定是不是要求助这样的人。当你看到一个人有很强的办事能力，那么你就要虚心地学习对方的优点，同时要主动地与这样的人交际，要知道这样的人往往是你的求助对象，因为对于他来说，帮助你对他没有任何的损失。所以说，要学会认识对方的真实内心，这样你才能够选择正确的求助对象，最终实现自己的成功转折。

说话有分寸，不要盲目开口

在生活中，俗语有言"点到为止""强调重点"，所以说不管是做什么事情都要把握住分寸，说话也是这样，言语也要有分寸，不能想说就说，更不能随心而言，盲目而言。一个人最应该学会的就是掌握住自己说话的分寸，不要因为一时的嘴快，而让自己陷入僵局，更不能因为自己没有控制住自己的言语，而损害了他人的利益。同样，通过不同的人的性格来把握对方的喜好，讲出对方喜爱的话语。说话要讲究分寸，最终实现自己的识心目的。

一个人的言语往往是他自身素养的表现，所以说，一个能够掌握好自己言语的人往往也是自身高素质的表现，通过对方的说话有分寸，那么你能看出对方的素质和为人。当你遇到一个口无遮拦的人时，你会从他的口中得到很多你想知道的或者是你不想听到的言语，他的话很有可能无意间让你感觉很不愉快，因为他不知道自己所说的话触及了你的内心。同样，当你说话时一定要注意自己的言语，不要让自己的话影响到别人的心情，同时给别人留下不好的印象，要知道你的口无遮拦很有可能让别人以为你是一个没有教养或者是没有素养的人。所以说，通过对

95

方的说话是否有分寸，你就能够了解到对方的内心，了解到对方是否有素养。

一个说话能够把握住分寸的人，才能够让自己的言语帮助自己打开交际的场面，从而不让自己的内心完全地被展露出来，才不至于被对方识破自己的内心世界。不同性格的人，要通过对待对方言语的了解或者是经历的了解，分析对方的内心。说话不仅仅是想说就说，说出自己的心声，更重要的是，要学会学习说话，有的话不应该说，而有的话则现在不应该说，以后却应该说，有的话在这样的场景下不应该说，而在另一种场景下就应该说，所以说说话是一门艺术，只是靠学习是不够的，要通过自己的亲身练习和自我感悟，这样不但能够达到了解对方内心的目的，也能够让自己交到很多的朋友。说话要注意分寸，只有这样才能给对方留下可以信赖的印象，从而才能够真正地走进对方的内心，实现识心的目的。

在生活中，直来直去的人往往会很少有心机，他们一般都很坦诚和豪爽，他们往往是想说就说，说话往往不经过大脑，这样的人很少注意自己说话的分寸，也很少考虑到自己说出之后的后果，所以对于这样的人，你在说话的时候也要注意分寸，注意对方的言行喜好。这样的人往往在说话的时候不会过多地考虑别人的感受，很多时候内心是好的，但是表达出的后果是坏的，因为这样的人会被利用，别人会利用你的没有心机而耍心眼儿，所以说与别人交流，说话要有分寸，这样才能够通过别人的性格了解对方的喜好，从而达到了解别人的目的。直来直去说话不注意分寸的人，说话总是很容易忘记别人的感受，从而伤害到别人，最终给人留下不好的印象，这样一来对方是不会轻易地让你走进自己的生活的，你自然而然也就达不到识心的目的。所以，在你讲话之前就要学会站在别人的位置思考，思考一下自己的言语是不是会影响到别人的心情，或者自己的话会不会伤害到别人，这样才能够让你走进对方的内心，实现识心的目的。

在社会生活中，知识充斥着我们生活的每一个角落，我们需要不断地历练和求索，我们不知道、不明白的道理和知识有很多，因此，不懂的事情会有很多，这也是十分正常的，不要盲目言谈。所以，不懂就是不懂，要勇于承认，节如竹子，虚心向上，不要不懂装懂，不要盲目言谈，说话失去分寸，到最后言语出错，让自己给别人留下不好的印象，从而达不到识心的目的。如果我们在人际交往中，在求知的领域里，不能正确对待自己的无知，死要面子，不懂装懂，盲目言谈，不注意自己说话的分寸，那不仅会弄出贻笑大方的故事，而且还会失去了解对方的机会，最终也无法实现识心的目的。

性格内向的人，一般都不爱言语，也不喜欢将自己的真实想法用言语表达出来，在生活中，内向的人说话往往会十分注意，他们会掌握自己的说话分寸，同时也会很理性，做事情包括讲话往往都很理性。

要想实现识心的目的，就要做到说话客观，此处说的客观，就是尊重事实。事实是怎么样就怎么样，不要想说什么就说什么。有些人喜欢主观臆测，信口开河，这样往往会把事情办糟，给对方留下不可信任的感觉，从而对方也不会轻而易举地让你走进自己的内心、了解自己的内心，也就无法实现自己识心的目的。因此，自己的言语要反映客观事实，这样才能够给对方留下真诚的印象，实现识心的目的。

一个说话有分寸的人，在与人交流中总能够给人一种很稳重的感觉，彰显自己的个人魅力，从而能够给他人一种可以信赖的感觉，对方也会将自己的内心完整地展露在你的面前，从而信赖你的人品，最终实

处世取人法
——体味待人接物间的人性本真

现识心的目的。从一个人的言语中，能够了解到对方的性格特点，从对方的性格上可以了解对方的内心世界，从而达到识心的目的。

无论是口头表达，还是文字描述，都是说话的基本方式，都要注意分寸，不要盲目言论。生活中，人们都喜欢说话有尺度的人，泛泛空谈或者信口开河的人则容易招人生厌。实际生活中，正确把握好说话的分寸，能够给自己增添魅力，在交流中这样的人往往会赢得对方的尊重和赏识，最终实现自己的识心目的。

一个善于识心的人，往往也是一个善于交际的人，他们懂得在什么场合什么话该说，什么话不该说，什么能说，什么不能说。所以，这样的人总是会很稳重地处理着各种事情，最终能够很好地实现自己的交际。这样一来，自然而然给对方平添了几分信任，最终很乐意与你分享自己的内心世界，了解对方也将不是一件难事。不盲目讲话的人，会拥有缜密的思维，对待事情也会很认真，了解这样的人的内心就要从对方的性格出发，通过言语，最终实现自己的最终目的。

慧眼识 心 法则

生活中，难免你会遇到不懂的或者是不明白的事情和知识，那么这个时候你就要注意自己的言论，不要不懂装懂，从而影响了你的形象，更不要因为自己的一时口无遮拦而无法让对方信任你，从而达不到识心的目的。与人交流要注意自己说话的分寸，不要盲目言论，这样才能够给对方留下不错的印象，最终要想实现识心也将不是一件难事。

98

相处有诀窍，不要小觑心理战术

当你与人相处的时候，要把握相处的诀窍，尤其是利用好心理战术。不管是什么时候，只要你能够明白对方的心理活动，那么你就能很容易地掌握好办事的分寸，最终相处成功。相处的诀窍，是你通过生活总结出来的经验，从生活的经验中，体味到了解对方的心理战术，从而帮助你实现识心的目的。

与人相处是有诀窍的，不要认为与人相处是一件简单的事情，如果不注意对方的心理变化是无法实现你的识心成功的。当你发现对方内心的变化时，利用心理战术，这样才能够让你实现自己的识心目的。

与人相处的诀窍是看对方的内心变化，当你看到对方的内心变化时，你也就能够实现自己的识心目的。要说一个人的心理变化，就是对方内心的心理活动，当一个人看到一些事或者是听到一些事情的时候，内心会有一些活动，尤其是这些事情关系到自己的利益或者是触犯到自己的内心感受。如果一个人特别不喜欢别人喊他的外号，而一天正当他十分开心的时候，一个朋友当众喊出了他的小名或者是外号，那么你会发现他的开心或者是兴奋顺势减半，所以这个时候你会发现对方内心变化或者是情绪的变化完全会表现在自己的脸上或者是自己的表情上，所以说，你要学会把握对方的内心变化，从而把握好与人相处的诀窍。当你能够意识到对方因为什么而产生心理变化的时候，你也就能够很轻易地看出对方的内心世界，达到识心的目的。善于识心的关键就是能够把握住对方内心的心态，这样才能从中总结出与人相处的诀窍，从而识人成功，交流也就变得更加顺畅。

有些人的心理变化是十分明显的，关键是你能否意识到对方内心的变化。同时，要想识人成功，心理战术也是十分重要的，比如说在很多时候当你看到你的领导或者是上司因为某件事情十分生气，你可能会心理十分的慌张，从而不知道怎样发言。但是这个时候如果你因为心理慌张而说错话，那么你会成为老板出气的对象，所以此时你就要镇定，学会把握老板或者是领导的心理，要学会化解老板或者是领导的愤怒，有的时候你的老板不一定是真的生气，只是需要一个台阶下。那么这个时候你只要想办法给对方一个台阶下，那么你也就能够成功化解这场危险，最终会得到你的领导或者是老板的信任，这样就说明你学会了抓住对方内心的诀窍，从而认识到对方的真实内心，最终实现自己的识心目的。

善于识心的人，总是能够在恰当的时候，把握好对方的内心世界，这对于你的成功是十分关键的。所谓恰当的时候，也就是你的环境适合你去利用这些内心的诀窍。比如说，当你看到你的朋友因为某件事情十分地开心，那么你就要分析这件事情能够使你的朋友开心的因素，或者是因为这件事情有助于对方事业的发展，或者是因为这件事情本身就充满乐趣，这件事情发生的环境就是你识心成功的恰当的时候，这样一来，你会发现对方的真实内心，最终也就能够实现自己的识心成功。

首先，与人相处最关键的一点就是要学会真诚相待，这是对方相信你、信任你的基础因素。要知道真诚是相处的关键和技巧，如果你能够和对方真诚相待，那么你就能够赢得对方的信任，从而对方也愿意和你交往，最终了解对方的内心。相反，如果你不能真诚地与对方交往，你也不会换来对方的真诚相待，最终也无法实现自己的识心目的。

再者，与人相处要学会察言观色，从对方的言语和表情来体味出对方感兴趣的东西，要知道抓住对方的兴趣，在很多时候也就能够抓住对方的内心世界。当你了解对方的兴趣点的时候，你就要学会自然而然地引入对方感兴趣的话题，通过运用对方感兴趣的话题，让对方自己讲出自己的内心世界。

最后，如果对方处在两难的境地或者是不知如何选择前方的道路时，你如果能够运用自己的途径帮助对方作出正确的选择，那么你也就能够打通走进对方内心的隧道，最终看到对方的真实内心。但是要想帮助对方作出正确的选择，是要讲求技巧的，在很多时候是需要软硬兼施的，如果你是一味地劝告对方，很可能让对方感觉到更加地困惑，所以在这个时候你要学会认真地思考对方的性格，从对方的性格出发，软硬兼施，最终帮助对方作出选择，实现对方对你的信任，最终实现你识心的目的。

总而言之，在和人交流的过程中，你要时刻考虑到自己所想的或者是所说的事情，是否是对方希望知道的。你要学会讲对方希望听到的话，要注意自己说话的分寸，不要说话不经过大脑，说出对方不喜欢听的言语，在交往中这是十分重要的。

一个善于识心的人，总是能够把握住对方的内心变化，不管在怎样的情况下都能够从对方的心情或者情绪上把握住交际的技巧，把握心理战术，从而实现识心的目的。要知道一件事情对你来说是一件很简单的事情，但是对有些人来讲，这件事情可能就是关系到自己胜负的事情，所以对方内心的变化也就会变得十分的明显，那么这样一来你也就能够

处世取人法
——体味待人接物间的人性本真

发现对方的真实内心，从心理上把握对方性格，从而把握住交流的诀窍，最终实现成功交流。

慧眼识 法则

要想识心成功，就要学会一些心理战术，通过这些心理战术帮助你实现识心的目的。在很多时候，心理战术是必不可少的，比如说在商场上，如果你不了解一些心理战术，那么你就无法达到知己知彼的目的，更会失去很多成功的机会，商场、职场、生活中，心理战术相处之道无处不在。

吃亏是福，福气就在你的内心

在和人交往中，难免会吃亏，这个时候不要斤斤计较，更不要总是想着占上风，因为在很多时候爱占小便宜的人，总是不会得到别人的喜爱。俗话说得好"吃亏是福"，在交际时，你要学会观察不同人爱占不同的便宜，通过观察，最终你要实现自己的交际目的，就要看到对方爱占便宜的侧重点，最终通过侧重点的不同，让自己选择不同的吃亏方向，要知道吃亏的人不一定会有多大的损失，反而会交到很多朋友，而那些总是斤斤计较的人，往往总是贪恋一方面的小利，要想识心成功就要认识到吃亏是福这个道理。

与人交往，难免会有一些事情是不公平的，总要有人吃亏或者是沾光，这个时候不要总是斤斤计较，如果对方吃亏了，你要谨记在心，如果有下一次，就要记得回报。所以说，在人际交往中要学会吃亏，暂时的吃亏不是一件坏事，只想着沾光总会有真正吃亏的一天。吃亏是福，所以要通过对一件事情的吃亏来了解一个人的内心，大度地做一个吃亏的人。

吃亏的人总是一个喜欢和气的人，在他们看来和气生财，只有和气才是最重要的，所以说不管是什么事情，他们都会选择吃亏，即便知道这件事情不该自己吃亏，或者说这件事情本来是自己的功劳，到最后他们也会选择吃亏，让利给别人，因为在他们看来，暂时吃亏就是在为自己积累财富。在金钱上或者是物质上吃亏，对他们来说不算是吃亏，而是在为自己积累财富，通过吃亏这件事情，看清了人心，也知道了对方的喜好，摸清了其内心的底细，这样就可以对自己下一步的行动，做好完善的战略措施和防备手段。

有的人很看重金钱，所以在金钱上是不会吃亏的，他们不管和谁交往总是喜欢在金钱上占小便宜，这个时候就需要你选择性地让步，让利给对方往往是需要很强忍耐力的，不怕在金钱上吃亏的人往往是不会斤斤计较一件事情，更不会因为一件小事而愤怒，在人前他们宁肯吃亏也不会打破这种和气的环境。所以说，吃亏的人，总是能够忍耐，从另一方面来说他们总是拥有特殊的个人魅力，总是会因为自己的耐力或者说是宽容和大度，吸引很多的朋友，在他们看来只有宽容待人，才能够实现交际成功，最终实现自己的识心目的。

有的人喜欢在口头上占便宜，他们不管你的心情好坏，只要是自己能够高兴，就无休止地说，即便是现在的你十分地厌恶对方讲的内容，但是对方也不会顾及你的感受。这样的人其实就是爱占口头便宜的人，对于这样的人，你要学会忍耐，这样才能实现你识心的目的。

一个不怕吃亏的人总是能够成为交际中的焦点，同样一个总是爱占小便宜的人，总以为自己是最聪明的人，但是最终会因为自己的贪图小便宜而失去得更多。一时的小便宜往往是酿成大过错的根源，所以说不要总是喜欢耍小聪明，要知道没有不透风的墙，你的小聪明最终会被别人看透，没有人喜欢和一个总是爱占小便宜的人交往，因为这样的人总是贪得无厌，即便是对方让利很多，他们也会不知足。爱贪图小便宜的人总是一个贪婪的人，他们无论做什么事情都不肯吃亏，总是觉得自己获得的最少，即便是别人将所有的东西给他，他也不会觉得知足，最终这样的人也会因为不知足而将自己推入困境之中，他的失败或者说逆境往往是因为自己的不知足而造成的。要知道吃亏是福，要想让自己成功或者说获得更多的福气，就要学会吃亏，不怕吃亏，你的内心才能够充满阳光，最终彰显出自己的个人魅力。

没有人喜欢吃亏，但是在很多时候吃亏是必须做的事情，因为你不吃亏别人就会吃亏，这样一来势必会影响到你在别人心中的形象，不要给别人留下爱占小便宜的印象，因为这会影响到你和别人的交际，更多时候会因为这一点，而影响到你在别人内心的形象，从而无法得到别人的信任，最终无法实现识心的目的。在交际中，敢于吃亏的人往往能够拥有不一样的人生和性格，通过吃小亏，可以实现自己的目的，从而也能够了解对方的真实内心世界。

一个善于识心的人，总是能够了解对方希望的做事方法，当你看到一个人不管做什么事情都不想伤和气，即便是自己吃再多的亏，也不会讲出来，他们宁肯自己吃亏，也不希望影响到彼此之间的友谊，这样的人往往是可交之人。当你了解了这样的人的内心，会发现他们内心的美好，从而也会让你的内心变得美好，吃亏是福，不要总是想着占便宜，该吃亏的时候要"敢于"吃亏，这是在为你的成功积累财富，也是在为你创造财富。

慧眼识 心 法则

　　一个不怕吃亏，宁肯自己吃亏也不想影响到彼此感情的人，往往是内心宽广，有度量的人，他们能够忍耐别人的无理要求，同时也能够从别人的要求中得到自我内心的满足。当你遇到一个在金钱上喜欢占小便宜的人的时候，你就要做好让利的准备，这样是值得的，因为对方会因为这一点点小利而将内心展现给你。一个敢于吃亏的人，是一个有福气的人，因为他们在小事上吃了亏，在以后的大事情上总会无意间获得财富，这些财富不一定是物质上的，也可能是精神上的。

待人热情是一种处世需要

　　一个积极热情的人总是会拥有很广阔的人脉关系，同样也会拥有很广阔的交际圈，当然面对不同的人，往往热情的侧重点也是不一样的。

105

为人热情好客，总是能够很简单地拉近你与他人的距离，从而了解对方的真实想法也不再是一件难事。一个积极热情的人，总是能够成为他人的知己，在别人需要帮助的时候，能够热情地去帮助别人，这样，你就很容易被别人信任，从而对方也会将自己的真实内心展现在你的面前。一个善于识心的人，总是能够积极地去帮助别人，热情地与人交往，从而实现自己的识心目的。在识心的过程中，积极主动是不可缺少的元素，也是时刻不能少的。

要想识心成功，积极主动总是没有错的，也只有积极主动的人，才能够在交流中，交到很多朋友，才能够扩大自己的交际圈，了解对方的真实内心。善于识心的人，总是热情地与人交往，这样很有利于维持你与他人之间的关系。热情的人，也总能够成为别人的知己，当别人处在危难中时，主动热情地帮助别人，就是在为自己创造了解别人的机会。热情的交际总是会吸引别人的目光，从而实现自己的识心目的。在面对不同的人的时候，你要知道对于不同的人，热情的侧重点和表现方式是不一样的，不要盲目地热情，同时也要选择好方式施展自己的热情。

在与人交往的过程中，积极热情总是乐观的体现，会给人留下乐观向上的印象。当你的交际对象是一个衣冠楚楚的绅士时，这个时候你所讲的热情也就是礼节，要知道对方需要的是礼节，如果此时你能够适当地礼貌和以礼待人，那么也就能够实现和对方交际的目的，最终走进对方的内心世界也将不是一件难事。

一个积极热情的人，在交际场上，总是自信的表现。当你的交际对象是一位公司领导，你的热情就表现为自信，这个时候你自信的态度往往是一种充满活力的表现，这时你也就能够获得领导的赏识，从而你要想实现你的识心目的，那也是轻而易举的事情。相反，如果交往中，你总是处于被动冷漠的态度，别人会以为你是因为自卑，才不能够很好地与人交际，这样别人也不会希望靠近你，你要想了解对方也不会顺利。或者，对方会以为你是一个高傲难以接近的人，从而会远离你，这样你连了解对方的机会都没有，更谈不上了解对方的真实内心。

在交流中，如果是一位白发斑斑的老人，不妨微笑着对他说自己与他的子女或孙子女一般大小，不要客气，这个时候热情的代名词就是自然恭敬，在老人面前没有必要摆出一副目中无人的高贵，更不要摆出领导的架子，时刻都要自然地体现出自己的真实内心，恭敬地与老人们聊天，这就是热情的表现。这样才会有更多的人愿意走近你，从而实现自己的识心目的，最终完成自我的转折和突破。

一个成功的人，无论在什么场合之下，总是以一种积极主动的态度来与人交往，这样不但能够让不如自己的人感觉到被尊重，还能让更成功的人佩服自己的自信，从而塑造完美的自我形象，更吸引别人的注意，最终实现识心的目的。

在别人处于危难中时，能够积极热情地去关心对方，主动地去帮助对方的人，总是能够为自己创造良好的人际关系，最终实现识心的目的。在识心的过程中，热情的人总是会因为自己的积极主动而得到别人的尊重，同样地，当你处在危难中时，别人也会热情地为你提供帮助，最终让你摆脱困境。由此可见，积极主动的识心态度，时刻都不能少，也只有时刻保持热情主动的态度，才能让你实现识心的目的，不但能够更好地了解对方，也会更好地让对方了解你。

在交流中的积极主动，总是能够为自己在公众心目中的形象加分，同样，当你处在积极热情的立场与人交往时，别人也会与你积极地交谈与沟通，从而了解对方也不再是难事。要想塑造完美的形象，就必须积极地与人交谈，这样你才能够拥有了解对方的机会，由此可见，在交际中，积极热情就是识心成功的法宝之一。时刻不要忘记积极地与人交谈，主动地帮助他人，只有这样，最终你才能实现自己的识心目的。

李瑞瑞在大学期间担任着学校的学生会主席一职，因为自己的热情和积极，让他成为了老师们的得力助手，也成为同学们心目中最靠得住的人。在大学毕业后，因为自己希望留在本地工作，而自己所学的专业又是教育学，这在当时找工作是十分困难的。

在一次小学老师应聘中，他因为自己没有足够的经验没有报名的机会，但是他没有气馁，而是凭借着自己的热情和主动来到了校长的办公室，当校长明白他来的目的的时候，十分地不开心，但是李瑞瑞还在微笑着告诉校长，只要能让自己参加试讲，拥有这次试讲的机会，此时校长就不会觉得现在是在浪费时间。因为他的热情和主动，校长给了他试讲的机会。在试讲中，他注意带动课堂的气氛，同时热情地为同学解答疑难，最终，竟然获得了这份工作，现在他已经是这所学校的副校长了。

在一次老师聚会中，他热情地与每一个老师交谈，将自己的经验告诉了新来的老师，告诉新到的老师对学生的热情是要讲究方法的，尤其是在教学中，很多时候，当学生遇到难题的时候，开始不要表现出自己的热情，要让学生自己去思考。当遇到自己的领导的时候，热情就是自信地汇报自己近段时间的工作，即便工作中出现了错误，也要积极热情地讲出来。他告诉老师们对于不同的人要选择不同的热情方式，最终，他的热情也得到了所有老师的敬仰。

通过这个例子，可以看出李瑞瑞正是因为自己的主动和热情，才让自己成为一名优秀的老师，从而拥有了这次成就自我的机遇。同时，他将自己热情对人的方式讲述给新到的老师们，从而得到了对方的信任和尊敬。热情地对待他人或者是对待自己的工作是一种需要，这不但能够表现给对方一种被重视和尊重的感觉，同时能够实现你识心的目的，当你热情地对待对方的时候，对方也会热情地对待你，从而将自己的内心世界展现在你的面前，最终你会了解对方更加透彻。

对于不同的人，要选择不同的热情方式，不能盲目地热情，良好的交际形象是十分重要的，那么良好的交际形象所包含的因素当然也少不了积极热情的交际态度。没有人希望自己的合作伙伴或者是交流对象是"沉默的黄金"，即使黄金埋在泥土中也会发光，但是光芒无法展现在世人面前，也终会和泥土没有两样，所以说识心也是如此，只有你热情地与人交往，才有可能真正地了解对方的内心。可见，时刻不要忘记热情地对待别人，你的热情往往是打开对方内心大门的一把钥匙。一个善于识心的人，总是能够让自己的积极热情帮自己打开对方的心门，更会利用自己积极热情的交际观念，塑造自我完美的形象，实现最终识心的目标。

慧眼识 心 法则

在交流中，形象是十分重要的，良好的形象塑造，总是能够帮助你在交际场上自由施展，从而了解对方的内心。当然，热情也要有针对性，不同的人要在不同的方面展现不一样的热情，说不一样的话题。只有这样才能更好地拉近彼此之间的距离。面对不同的人，要学会从不同的角度选择热情的代名词，从而实现自己识心的目的。

一眼就了解他想知道什么

信息对一个人来说就是财富，就是通往成功的必经之路，所以说在现今的社会中，人们都希望自己能够掌握更多有价值的信息，只有这样才能够让自己成功，那么这样一来，人们都希望你能够讲出他需要的信息，所以说要想实现识心的目的，就要学会说对方想知道的信息。

如今生活节奏越来越快，我们都希望在第一时间得到对自己的有价值的信息，那么，我们又怎能在对方没有开口之前就已经预知对方渴望从自己这里得到哪些消息呢？

首先，有的人希望知道的东西，就会主动地去询问你，而有的时候是要通过你去观察的，观察对方的神态往往是了解对方内心渴望的关键步骤之一。通过神态如果你能够了解到对方的真实内心，那么你也就能够知道对方的喜好，从而把握住对方的好奇心，如果你能够满足对方的好奇心，那么你就能够达到对方的要求，最终实现识心的目的。

再者，就是要知道，什么信息是该说的，什么信息是不该说的，这个时候你就要考虑到对方的身份，不同的身份对事物的好奇心是不一样的。当然通过对方的身份你也能够分析出对方希望了解的信息，比如说对方是一个记者，那么无疑对方希望你能够提供更多新鲜真实的信息给他，这个时候要想拉近你们之间的距离，就要满足对方的好奇心，讲出对方希望知道的事情。

最后，你要分析对方的人品，有的人希望了解一些不该了解的事情，那么这个时候即便你知道所有对方希望知道的信息，你也不要轻易地告诉对方，要明白什么事情该说什么事情不该说，这样才能让你赢得对方的尊重，最终让对方信任你。比如说，当你离开自己原来的公司来到另一家公司的时候，新公司希望从你口中了解到那家公司的情况或者是秘密，那么这个时候你就要明白自己什么事情该说什么信息能讲，这样才不会让你被轻视，如果你完全不顾及，讲出自己原来那家公司的所有事情，那么你一样不会被信任，反而会被新公司的领导轻视，所以说你要明白什么事情该说，什么事情不该说，这样才能够让你被尊重，最终实现识心的目的。

与此同时，我们还要根据不同的人对不同的事物的特定需求上进行有效的把握，因为人与人之间的需求也是存在着必然的共同点的。总体来说，我们可以从以下几个大的方面进行推理，从而有效地识破对方的心理活动，即便对方并没有说出什么，也同样可以判断出他们最为关心的话题和信息。

（1）涉及自身利益的事情

在生活中，可以说每个人都对关系到自身的事情十分地感兴趣，不管是好事情还是坏事情，只要涉及自己，对方就会十分地感兴趣。所以说和对方交谈之前，你就要了解对方感兴趣的一些事情，尤其是涉及对方利益的事情。在很多时候，这些事情是不容易了解的，那么你就要学会从各个方面来搜集信息，从而抓住涉及对方的事情，这样在交谈的时候你才能够抓住交谈的重点，最终会和对方交流得比较顺畅，了解对方的内心世界也将不是一件难事。

（2）关系到对方在意的人的事情

很多人不仅仅对自己的事情感兴趣，同时也会对自己在意的人的事情十分地感兴趣，比如说对自己的好朋友或者是自己的亲人的事情也会十分地在意，这个时候你就要善于抓住对方的这一情感，从而搜集对方周围的人的事情，当然这些事情多是一些有价值的，不要讲一些琐碎的事情。这个时候你会从对方的反应中了解对方真实的内心世界，最终了解这个人的思想。所以说，要善于抓住对方关心的人或者是在意的人的一些信息，在交谈的时候将这些信息巧妙地贯穿在自己的言语中，这样一来你所讲的话往往比奉承对方还重要。

（3）真诚的夸奖也很重要

真诚的夸奖绝非是奉承，奉承和夸奖是完全不同的两个概念，在生活中，很多人有自己的优点，那么你如果能够发现对方的优点，并且巧妙地运用语言讲出来，那么你也就能够抓住对方的内心世界。而奉承就是将一些对方不具备的优点，也当做是对方的优点，用一些夸大的语言来夸赞对方。所以在生活中，要学会用真诚的心来夸赞对方，从而给对方一种可以信任的感觉，最终实现识心的目的。

一个善于识心的人明白，自己要想识心成功，就要先被别人信赖和尊重，那么要想被别人信任，就要知道自己什么该说什么不该说，同样地，当你在一个不喜欢被奉承的人面前总是说一些奉承的话的时候，那么你是不会得到对方的信任的，反而会让对方觉得你是一个十分圆滑的人，最终也不会实现识心的目的。

看出对方希望知道的事情，就能够实现投其所好，也就能够得到对方的肯定，最终对方也会将自己的内心展现在你的面前。所以说，你就要学会从不同的方面看出对方不同的好奇心，满足对方的好奇心，也就是为你识心成功打下第一块坚实的地基。

慧眼识 心 法则

一个善于识心的人，总是能够说对方希望知道的信息，同时也不会因为自己所讲的影响到自己的形象。当然讲对方所希望知道的信息，不一定是任何对方想知道的信息自己都应该说，要讲对方想知道的信息，同时在讲出这些信息之后又能够得到对方的信任和尊重，这些信息要比奉承的话更重要。

与人相处，先看对方的目的性

与人相处不是一件简单的事情，有很多人都是有目的地在与人交往，所以你要想和人交往成功，就要看到对方的目的，了解对方的目的，自然而然你也就能够明白对方的真实内心。当然，对方是不会轻易地让你看到自己的目的的，所以你要学会从对方的各个方面分析对方的目的，从而了解对方的真实内心。

一个善于与人相处的人，总是能够想尽办法看清对方的内心世界，尤其是看清对方的交际目的，这一点十分重要，当你看到对方的交际目的，就能够知道对方为什么要这么做，也就能够从对方的行为挖掘出很多和人相处的技巧，从而实现自己的识心目的的同时，能够更好地与人交际。

要想与人相处得更好，就要学会看到对方的目的，那么怎样才能发现对方的目的呢？要从哪几方面才能够了解到对方的目的呢？

首先，要学会观察，观察对方的举动和行为是十分重要的。因为外在的行为在很多时候就是内心体现，但是不管对方再怎么掩饰自己的内心世界，他的行为也是会多多少少地透露出内心的思想的，所以说你要想看出对方的目的性，就要学会从表面下手，观察对方的一举一动，从而分析对方的举动，最终实现识心的目的。

再者，就是要学会理解对方的语言，要知道一个人的语言往往是内心真实的反映，尤其是对方的音量和语调。要知道即便对方的话语内容会掩盖对方的真实内心，但是对方的语调往往会暴露出对方的真实想法，这一点十分的重要，那么你就要学会分析对方的音调，最终认识到对方内心深层的东西，看到对方的目的，实现识心的目的。

最后，就是要从对方的表情上观察，观察对方的表情，你会发现对方的内心变化，最终会实现自己的目的。当你发现对方因为一句话而脸色沉重的时候，那么对方也许是在思考什么事情，这个时候你就要加以注意，再结合对方的行为，最终实现自己的识心目的。

很多人在交往的时候总是目的性很强，目的性可分为两个方面。第一，对方的目的性只是针对自己的，比如说对方给自己树立了远大的目标，为了这个目的而不断地努力，在努力的过程中，对方可能会显得目的性很强，但是这个时候，对方的目的性不会涉及他人的利益。第二，目的性是针对别人的，比如说为了达到自己的某种目的，不惜伤害别人，这样的人的目的性往往带有一些伤害性，伤害的往往是自己不喜欢或者说是不在意的人，这种目的性往往是竞争所导致的。

分析了两种目的性，我们可以知道，当一个人针对自己树立了远大的目标的时候，我们就知道这个人是一个有理想的人，从而会对这样的人产生敬畏之情。当然，如果当我们看到一个人为了达到自己的目的，不惜牺牲别人的时候，我们会了解到这样的人是自私的人，和这样的人交往需要付出代价。所以说，了解一个人的目的性往往能够了解到这个人的内心世界，最终实现自己的识心目的。

一个善于识心的人，总是能够看清对方的目的性之后再拿出自己的对策，目的性很强的人是会很轻易地表现出来的，尤其是在对方的行动上或者是在对方的言语上，你会很简单地看出对方的目的性，当你明白对方的目的性之后，你也就能够看清这个人内心的本质，从而再决定自己是否要和这样的人交往。

慧眼识 心 法则

　　识心当然要包括了解对方的目的性，尤其是对方的交际目的，要通过对方的表情和言语来了解对方的目的性。通过自己敏锐地观察和研究来分析对方的语调和行为，从而了解对方交际的目的，最终你会发现对方真实的内心世界，这样你才能够更好地选择交际的对策，最终实现自己的识心成功。

本章小结

　　一个善于识心的人，是不会放弃从待物接人中识别对方的真实内心的，要知道在交际中，是最能够凸显对方的个性或者说是内心的。如果一件事情让你无法看出对方的真实内心世界，那么在交际中，时间久了自然会遇到很多的事情，这样一来你自然而然会看透对方的内心。但是要知道，要想实现真正地了解对方的内心，也要掌握技巧。

　　那么要想在处世中了解对方的内心世界，就要学会从送礼开始，以礼验人。同时即便你处在逆境中也要学会先识人再求人。学会说话的方式，掌握相处的技巧，这样才能够让你更容易走进对方的生活和内心。只是做到这些还远远不够，还要敢于吃亏，不要将吃亏看做是一件不好的事情，同时还要掌握说话的分寸，不要盲目发表自己的言论。待人要热情，即便自己的心情不好也要保持微笑。要想识人成功，这些都是必不可少的因素，所以说在处世中了解对方的内心也是有诀窍所在的。

癖好识人法
——领悟癖好识人中的助胜法宝

　　每个人都有自己的兴趣爱好，同样一个人的兴趣爱好往往是一个人内心真实的反映，因此，你要想了解一个人的真实内心，就要学会从这一点出发，从对方的癖好入手，了解这个人的真实内心，这样你就能发现对方内心的真实面貌。那么你知道这些之后，能够满足对方的需要，对方也会真实地将自己展现在你的面前。

琴棋书画，往往是有涵养之人的偏爱

　　很多人都希望自己能够有一定的修养或者说是修为，所以很多人都会喜欢琴棋书画，同样你会发现真正有涵养的人也是会掌握或者是喜好琴棋书画给他带来的乐趣的。所以说，要想真正了解这样的人，就要从对方的喜好入手，从对方弹琴、下棋、书写、绘画上看出对方内心的端倪，最终了解对方的真实内心，实现自己识心的目的。

　　在实际的生活中，会有很多人都喜欢琴棋书画，或者是其中的一种，那么这个时候，你就要学会从实际出发，了解对方的真实内心，最终实现自己的识心目的。要知道不是每个喜欢琴棋书画的人都是有涵养的人，从对方的弹琴、下棋、书写、绘画上也能看出对方的真实感受，所以说要学会从这些方面看到对方的真实内心，不要被对方的这些方面所欺骗。

　　在生活中，我们会经常遇到十分喜欢弹琴的人，不管是什么琴，对方都有一种偏好。当然在古代琴指的也就是一种，而在现代的社会中，琴不仅仅指中国传统乐器中的琴瑟，也包含了各种外来乐器，比如说钢琴。在现代社会中，很多人不只把弹琴当做一种乐趣，更把它当做一种职业。不管是当成职业还是乐趣，学习弹琴本身就是一种好的自我修养。因为在弹琴的过程中不仅仅能够让一个人内心变得更加的美好，从而自我修养也就自然而然地提高。弹琴往往都是坐着，那么这就要求弹琴的人能有一定的定力，所以说这样的人内心都十分的沉稳，少了一份浮躁，同样加上他们对音乐的长时间的接触，必然会增加自己的音乐鉴赏能力，这样一来，自然而然地会让自己变得更加的有涵养，不仅仅是在音乐方面的涵养。所以说，弹琴本身就是在对自我进行塑造，一个喜欢弹琴的人必然是一个希望自身能够有良好素养的人，这样的人往往十分重视自己的言谈举止，更加注重自己的交际关系，所以在他们面前你也要有一定的修为，不然是不容易接近对方的。

棋，作为中国古代的一种娱乐工具，不仅仅起到了娱乐的目的，更加能够表现出一个人的聪明才智和自身修为。当然在古代"琴棋书画"中的棋指的是围棋，而现在的棋的范围很广，当然也包含着围棋。不管是哪种棋，都能够起到修炼自身、培养自我才智的作用。一个爱玩棋的人，往往能够具备十分理性的思维或者说他们的思维都十分地缜密，很少出现漏洞，这样的人总是能够在很多人面前表现得很有远见，他们在走每一步的时候都能够考虑得十分周全，同时也能够想方设法预料到长远的每一步路，在生活中这是十分重要的。一个有远见的人往往是一个比较稳重的人，同时思维也十分缜密。和这样的人交往你必须要是沉稳的人，不然对方会觉得你十分的不可靠或者是很难相信你的办事能力。同时，在这样的人面前，你要学会倾听，听对方的观点，你会发现对方观点的长远性，所以说在生活中遇到这样的人，你要善于把握对方的思维方式，这样一来你也就把握住了和对方交往的根源，最终才能够让你达到识人的目的。

书，指的是书法，在生活中，书法往往是一个有修养的人的最直接和最容易的表现方式，如果一个人能够有一手好的书法，那么对方也一

癖好识人法
——领悟癖好识人中的助胜法宝

定是一个十分有内涵的人，这样的人除了性格上比较内敛外，还是一个十分懂得礼貌的人，他们不希望打扰别人的生活，也不喜欢求助于别人，所以在生活中他们都是十分注意自己的言谈举止的。这样的人也往往是一个十分爱面子的人，他们不希望自己因为一点点的小事情去麻烦别人，也不希望去求别人办事，所以他们宁可不去做那些对自己有利的事情也不会去求助别人，这样的人往往显得不善于交际，所以说要想实现识心的目的，就要能够找到对方的兴趣点，从而以此为出发点，最终实现自己的识心目的。

画，在古代"画"仅仅指的是传统的国画，而现在的画还包括了外来的油画等。说到绘画，往往是很多人的爱好，但是简单的爱好往往不能够真正地提高一个人的自身修为，所以说要想通过这点来提高自己修为，就要学会深入研究，而不是简简单单地从表面出发，这样才能够让你在无形中提高自己的修为。一个真正有涵养的人，总是能够真正地了解绘画这门艺术，同时因为对方有一定的艺术细胞，所以会很有创造性。在很多时候，创造性会使对方显得十分独特，同时还会让人觉得很有气质，这样的人在人群中是十分容易被认出来的。所以说，有艺术细胞的他们，思维或者是做事风格和一般的人也不太相同，他们总是有自己的偏好。和这样的人交往要学会从对方的思维出发，这样才能够让你真正地了解对方的内心世界。绘画艺术本身就是一种很高雅的艺术，要想通过这种艺术来修炼自我，就要能够有一定的吃苦能力，所以说这样的人为了自己的理想总是能够吃苦，也不怕吃苦。在很多时候他们在生活中总是表现得十分的坚强，没有人会觉得他们需要帮助，他们总是有很独立的个性。当你在这样的人面前的时候，不要总是好心地去帮助对方，因为很多时候他们都不希望别人帮助，即便你帮助了他们，他们可能会觉得是对自己能力的一种亵渎，尊重对方的能力往往是打开对方真实内心世界大门的钥匙。

琴棋书画代表着很高境界的艺术造诣，要想识别这种有艺术细胞的人的性格特点、处世态度，首先就要提高自己对于艺术的鉴赏能力和言谈话语中对于艺术的领悟能力和见解能力。

只有这样才能更好地与对方进行沟通，走进对方的内心世界，成为对方心目中无话不谈的好朋友。善于识心的人，总是能够分析好对方的一言一行，当你在一个拥有很高的自身修养的人的面前时，你会发现对方内心世界的与众不同，所以这个时候你要善于从实际出发，了解对方的爱好，从对方的偏好入手，这一点十分重要。

慧眼识 ♡ 法则

琴棋书画，不仅仅是艺术，也是一个人对人生、心境和意念的理解，尽管有时候他们话语不多，但是万语千言尽在他们的弹指泼墨之间，只要你能够在他们行云流水的笔墨之中感受到他们的喜乐悲欢，爱恨情仇，就一定可以被他们视为知己，最终顺利地理解他们的内心境界，识破他们深藏在心里的那些心思，不管是烦恼，还是欢乐，终将逃不过你那双明亮的识心慧眼。

爱旅游的人，往往有他的向往

在生活中，很多人都向往旅游，也有很多人十分地喜欢旅游，他们会在工作的闲暇时间去旅游，尽可能地让自己去更多的地方。但是这只是爱好旅游的人的一种，还有一种人是将旅游当做是自己的事业或者是自己的生活，他们喜欢自由自在的生活，宁愿与自然打交道也不希望自己成为办公室中的上班一族。这样的人往往有自己的爱好，他们不会为了金钱而失去自己的爱好或者是自己的目标，所以对这样的人来说，内心的向往是十分坚定的，同时他们也会有很强的意志，所以要想了解对方的内心世界，就要学会从对方的爱好和目标入手。

有的人在闲暇时间，喜欢将自己关在家里，让自己彻彻底底地休息一天，他们宁可睡懒觉也不想出去；但是有的人恰恰相反，他们一有时间就会去旅游，会将自己的闲暇时间放在旅游上，但是很多时候他们因为没有时间旅游所以会更加向往旅游；还有一种人，希望将旅游当做自己的事业，将旅游放在第一位，这样的人往往不是为了旅游而旅游，他们有自己的目标或者说是向往，通过旅游来实现自己的理想也是一件十分重要的事情。在很多时候，你要想了解这样的人往往要付出很多的心力，因为你根本不知道从何下手来了解对方的真实内心。

喜欢在自己工作之余去旅游的人，旅游对他们来说就是为了放松心情，减少工作带给自己的压力，这样的人不会是特别喜爱旅游的人，而是带着目的性去旅游的人，他们多半会选择离自己居住地比较近的地方，而不会希望在闲暇时间去很远的地方旅游。所以对于这样的人来说，旅游就是生活或者是工作的调味剂，是为了让自己在接下来的生活和工作中有一个更好的状态。对于这样的人，你没有必要了解他有什么高远的志向，因为他们的旅游目的十分地明确就是为了放松自我。

喜欢旅游或者说将旅游当做一种生活的人，往往对旅游有着自己的偏好，他们希望自己能够旅游，能够将生命的大部分时间放在大自然之中，他们喜欢大自然中的每一个景色、每一棵植物，这样的人喜欢自由自在的生活，他们不喜欢拘束，更不喜欢太多的规矩，所以这样的人总是在大自然中寻找自己的自由和无忧无虑。但是不要以为这样的人没有自己的理想或者是向往，他们的旅行往往就是为了实现自己的理想或者是向往，在实际生活中，他们希望自己通过旅游来锻炼自我，从而实现自己的人生价值。

一个把旅游当做自己生活的人，往往有着坚强的意志力，他们不害怕自然中的困难和困境，对于他们来讲，在自然中的困难就是上天对自己的锻炼，是上天在磨炼自己的意志力，所以他们会想尽办法来克服。他们是勇敢的，勇敢地面对生活中的苦难，在苦难面前他们永远不会逃避什么，也不会害怕什么，在他们看来，现实中的苦难就是在对自己的锻炼，尤其是在旅行的过程中，他们有自己的人生向往，为了自己的人生目标，即便是再坎坷的路，他们也是会走下去的。所以说，这样的人总是能够在困难面前坚强不屈，最终实现自己的人生目标。和这样的人交往，你要有勇气，有勇气让自己变得坚强，不然你会因为自己的软弱而失去这样的朋友，要想实现识心的目的也要抓住对方的坚强，从而走进对方的生活，了解对方的人生目标，这样你才能真正地理解对方的行为，实现识心的目的。

为了在旅游中实现自己的人生向往的人，往往是一个十分有爱心或者说是有同情心的人，他们不希望自然中的一草一木受到损害，当看到有的动物面临被杀害的时候，他们往往会十分心痛，同时会用自己的行动来挽救自然中的生灵，这样的人往往都会将自己的爱心表现得淋漓尽致。从表面上看，你可能以为对方是一个冷漠的人，你很少看到对方开心大笑，也很少看到对方流泪，这是因为这样的人有着坚强的内心，但是坚强和冷漠完全是两个概念。当他们看到动物或者是植物受到伤害的时候，他们往往会比任何人还心痛，会用自己所有的力量来保护自然、保护动物，所以说他们表面的冷漠是坚强的表现，但是在冷漠的外表下还有一颗富有人情味的心，如果你能够看到对方这一点，那么你也就能够很好地把握住对方的真实内心世界，要想走进对方的内心世界也将不是一件难事。

不要命令这样的人去做某件事情，尤其是对方不喜欢做的事情，因为他们最不喜欢被命令的感觉，当然他们不是不听指挥的人，只是他们有自己的主见和想法而已。由此可见，一个将旅游当做生命的人，往往能够有自己的主见，做事情都有自己的主见，不喜欢跟随别人的主见做事情，这样的人不是任何人都能走近的，他们有自己的个性，所以说你想要认识并且走近这样的人，就要了解对方的向往，这样一来你会发现对方的一举一动都十分的得体，也是十分的有分寸，最终才能够真正地了解对方的内心，这样你才可能真正地了解对方的内心世界。

一个善于识心的人，是不会放过爱旅游的人的内心世界的。一个喜欢旅游的人，往往有着对自然界的喜爱之情，同时也有着自己感性的内心世界，因此要想和这样的人交往，你就要学会从对方冷漠的表情下看到对方真实的内心世界，只有这样你才能真正地了解对方。同样，这样的人往往有着自己的向往，在向往面前，你会发现他们的伟大，他们的向往往往和金钱美誉没有关系，而是自己对大自然的一种喜爱和回报。所以要想识心成功，就要了解他们的向往和人生目标。

慧眼识 心 法则

　　旅游不仅仅能够开阔人的视野，还可以让人对未来充满希望和更美好的向往，我们不能说喜欢旅游的人有多么的见多识广，他们的内心世界是多么的辽阔伟大，但是有一点是肯定的，要想走进他们的心灵，最好还是在各个地方的风土人情、地理文化等方面多下工夫吧！有了更多的话题，就可以从他们细微末节的言谈中，了解他们对待世间百态的看法，以及对待人生社会的态度，这一切都是你了解这个人由内而外本质的重要资料，有助于自己更好地与其相处，把握好自己应把持好的分寸和交往策略。

看穿爱车族的真实心理

　　很多人都对轿车有着浓厚的兴趣，但是不同的人兴趣来源或者说目的是不同的。不同的人总会有不同的兴趣出发点，尤其是对车的爱好，往往是有着不同的出发点的。当然不同的出发点后面都会有不同的心理在作怪，因此要想看清对方的内心世界，就要学会从车上入手，因为不同性格和不同职业的人对车都有着不同的爱好点和追求点。

爱车一族不管是什么职业的人都会因为车聚集到一起，因为他们有着共同的爱好就是车，但是不同职业的人对车的爱好点不一样，或者说对车的价位要求也不一样，有的人是纯粹因为车而爱车，有的人将车作为自己的事业，有的人将车作为自己身份的体现物品，有的人将车作为自己成功的代表物。因此，不同的人对车的爱好往往会凸显出不同的内心世界，要想识心成功就要学会看清对方真实的兴趣出发点。

有一种人，他们因为车而爱车，他们爱车的程度不亚于爱自己，但是他们没有利用车的意思，而是纯粹地爱车。他们对车的爱十分的简单，就是因为喜欢而爱好，这样的人多半是年轻人，有着张扬的个性，他们活力充沛，内心往往是美好的。虽然他们喜欢的车不一定是多么的名贵，但是他们爱好的车多半是有着自己个性体现的地方。像这样爱好车的人，多半喜欢改装车，他们喜欢按照自己的风格给车做一定的修改，这种修改很可能是外观上的。他们喜欢独一无二的感觉。在他们看来不管自己的车是什么牌子的，不管自己的车是好是坏，自己的车绝对是独一无二的。他们喜欢别人夸自己的车有个性，或者说自己的车很独特，因为他喜欢这种独特的感觉。因此，要想了解这样的爱车族，就必须要从对方的车入手，只有当你谈到对方的车时，他们才会感觉到十分的兴奋，才会打开自己的心扉。

还有一种人，他们爱车不是单纯的爱车，他们要利用车来体现自己的价值，这样的人，往往是将车当做自己的事业，他们为了车而不断地奋斗，但是目的却不是单纯地爱车。这样的爱车族，往往有着自己的思想，他们对车的性能往往十分地了解，对于不同牌子的车都有着很独到的见解，在他们眼中车不是完美的，但是却是可以不断创造完美的，而自己就充当着那个创造者的形象。所以说，他们对车的专业了解和认识往往让他们充满智慧，尤其是在工作上，他们多半和车有关，这样的人往往有着理性的思维，他们不会因为某辆新车而兴奋不已。当他们看到一辆新款的车展示在自己面前时，他们会有试车的冲动，但是在试车之前他们是不会给出任何评价的，因为他们对车的喜爱十分的理性。由此可见，这样的人往往是用自己的理性思维来和车交往的。要想识心成功，就要学会认识对方爱车的方式，从而以此为出发点，了解对方真实的内心世界。

在生活中，你或许还会看到这样的人，他们总是在换车，或者说是在追逐不同款式的车，这样的人往往是在事业上成功的人，他们买车的目的就是彰显自己的身份，所以这样的人没有对固定车型或者是品牌的爱好，而往往会凭借着车的价位和名气而喜欢某辆车。他们对车的喜爱的源头是因为他们的身份，他们不是因为喜欢车而买车，而是因为要用车来彰显自己的地位和身份。同时，还有一种可能就是他们要和自己交际圈中的人有共同的语言，如果他的交际圈中有很多爱车族，那么他要想实现自己的交际成功，也必然要了解一些车的性能和款式，这样才有共同语言，才有助于自己事业的发展。所以说，这样的人爱车是有目的性的，他们对车的专业知识或许不够了解，但是他们对车的品牌或者是款式往往会记忆犹新。因此，要想了解这样的人的真实内心，从对方开的车你就能看出，同时要想和这样的人有共同话题，就离不开车的车型。那么只有这样你才能真正地了解对方的心理，从而实现识心的目的。

癖好识人法
领悟癖好识人中的助胜法宝

当你发现你身边的某个人嘴中一直在念叨一种车，而这种车的价位往往是现在的他无法承担得起的，这样的人也是爱车族，他们将买车或者是爱车当做自己奋斗的目的。在他们心目中，代表着自己成功的标志就是买到自己喜欢的车，所以他们总是在幻想着有一天自己能够买到自己喜欢的车。这样的人往往有自己的理想，但是也有着自己的幻想，在很多时候他们了解车的原因往往是想证明自己所爱车的完美性，因为这样的人总是对某个品牌或者是某个款式的车情有独钟，在他们心中这辆车往往是完美的也是无法取代的。所以他们会在事业上非常地努力，目的就是能够买上自己喜欢的车，要想了解这样的人的真实内心世界，就要学会从对方的追求出发，然后实现识心的目的。

车的功能不仅仅是为了方便出行，在当今社会中，车有着多方面的功能，因此，从爱车族对车功能的追求上，我们可以看出对方的真实内心世界。爱车族对车的热爱也是有不同的侧重点的，所以说要把握不同职业、不同种类的人对车的喜爱偏好，这样你会发现人们对车爱好的真实想法，这样你才能够从中了解到对方的真实内心。

慧眼识 心 法则

不管是酷炫的跑车还是野性十足的越野车，是很多爱车族的最爱。通过对不同类型和款式的车的热爱，可以看出对方的性格特征。当你看到一个人对车有着狂热的热情的时候，你要学会从对方的身份和地位上去分辨对方爱好车的真正含义。在不同的年龄段，对方对车的爱好有着不同的偏爱，比如说对年轻人来讲，对车的款式和车型的爱好往往大于对车本身性能的爱好。当然不同职业的人对车的爱好程度也是不尽相同的，在交际中，你要能够通过车来了解爱车族的真实内心，这样你才能实现自己识心的目的。

打电玩往往是内心寂寞的表现

打电玩往往是年轻人的爱好，很多人认为打电玩就是一种不良爱好，也有很多长辈认为爱好打电玩的孩子往往不是一个听话的孩子。年轻人爱好打电玩是很正常的事情，因为这是一种娱乐项目，和看电影一样的娱乐项目，目的就是为了娱乐，但是如果你非要将它赋予某种意义，那么打电玩当然会被认为是不好的游戏，爱好打电玩往往能够反映出一个人内心的寂寞。

很多人喜欢去玩游戏，不管是网络游戏还是电玩，目的就是为了让自己放松，让自己的内心有一个缓解压力的途径，同样地，很多年轻人玩电玩，是因为自己内心的寂寞或者是空虚，他们是用游戏来消磨时间，来打发无聊的时间，他们渴望交流，但是又害怕与人沟通，所以只能通过游戏来让自己感觉出生活中的趣味，因为他们成为了电玩高手。因此要了解这样的人，往往需要你付出很多的心力，从而去认识对方的真实内心世界和真实的想法。

年轻人往往是打电玩的主力军，那么他们为什么如此爱好这些游戏呢？道理很简单，他们希望自己的生活变得充实。但是因为某些原因可

癖好识人法
——领悟癖好识人中的助胜法宝

129

能让他们没有感觉出生活的意义，所以他们宁肯将时间花费在打电动游戏上，用游戏来冲淡自己内心的寂寞。他们内心往往会充满寂寞，因为他们不善于与人沟通和交流，只是通过游戏让自己钻进虚拟的世界里，在那个世界里他们能够感觉到刺激和快乐。所以他们就将时间花费在玩游戏上，用游戏来冲淡自己内心的寂寞，一旦游戏结束，他们内心会恢复寂寞，这样的感觉让他们感觉到害怕，因此决定再一次钻进游戏的世界，让自己的内心变得不再寂寞。所以说，这样的人往往内心充满着寂寞，同时也害怕面对自己内心的寂寞，他们害怕面对现实，往往用游戏来逃避现实，让自己感觉不出现实世界的残酷和寂寞，这样的人往往是一个喜欢逃避的人，在苦难面前他们往往不会选择正确的态度，要想实现识心成功，就要领会到这一点。

另外喜欢打电玩的人，往往是性格比较内向的人，他们不善于和其他人交流，所以选择和游戏交流。他们往往会认为没有人能够真正地了解自己，所以他们宁肯封闭自己的内心，然后从游戏中得到释放。他们很多人纯属就是因为无聊，人际关系也不好，不愿意在现实中和人打交道，觉得人生就是一场游戏，早已经没必要那么认真了。他们中有的是真正的沉迷，有的却可以自我控制适可而止，虽然都内心寂寞，但是找到他们寂寞的根源就可以把他们带进真实的世界。这样的人往往是一个比较难沟通的人，所以说你要想了解对方的真实内心就要给对方一种可以信赖的感觉，只有这样你才能够真正地了解对方的真实内心世界。要让对方真正地相信你，对方才会将自己的真实内心世界展现给你。他们内心中往往有很多的秘密，而这些秘密往往让他们感觉十分地压抑，但是没有倾诉的对象，或者说找不到可以信赖的人透露自己的秘密，这样一来他们自然而然地会感觉到内心的压抑和寂寞，从而才会选择游戏来让自己得到放松，他们本身不是多么的喜欢游戏的人，但是因为没有合适的方法来让自己得到解脱，才选择来打电玩。因此，走进对方的内心，最简单的方式就是让自己的真诚打动对方，然后让对方信任自己。

另外一种人，就是觉得现实太残酷，经受不了那么多的打击和压力，于是将自己沉浸在虚拟世界，不问现实中的是是非非。这样的人多半是因为心中有伟大志向的，但是他的这种志向却总是被别人视为虚无缥缈的东西。所以他觉得这个世界上没有谁能够给他支持和理解，就在这个时候游戏的诱惑侵袭了他的大脑，里面的一些情景似乎让他找到了那么一点心中梦想的影子，心灵得到了安慰，于是沉迷于此。

最后一类人，他们打电玩的目的十分的明确，就是因为他们喜欢玩游戏，不是想通过游戏来消磨时间，而是希望通过游戏来实现自己的价值，这样的人玩游戏或者是打电玩的目的是十分纯粹的。他们和上面提到的那些人恰恰相反，他们的性格往往是十分阳光的，或者是爱表现自己的人，他们希望对方能够在游戏上认同自己，所以才会将游戏作为自己取得胜利的一种资本。在社会中，他们往往是追求潮流的人，所以在他们的生活中寂寞也是可能的，但是打电玩的主要原因往往不是因为寂寞。所以要想了解这样的人的真实内心，就要从对方的性格入手。

寂寞的人往往会逃避现实，所以电玩的一个特点正好能够满足对方这方面的心理需求，那就是电玩往往是很虚幻的，对方可以在虚幻的世界里放松自己，或者是让自己压抑的内心得到释放。所以说当你遇到喜欢玩电动游戏的人，你就要学会从这方面入手，然后观察对方的真实内心世界，最终实现识心的目的。如果当你真正地走入对方内心的时候，对方会相信你信赖你，最终会十分真诚地对待你。爱打电玩的人往往有着真诚的内心，只是他们的真诚不会轻易地送给每一个人，只有你能够真正地理解对方，让对方信赖你，那么对方会真诚地对待你，最终让你实现识心的目的。

慧眼识 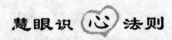 法则

一个善于识心的人，会抓住对方的一切爱好。当他们发现一些年轻人总是迷恋电动游戏或者网络游戏的时候，他们会从游戏入手，观察对方的性格特点，最终引导他们走出内心的困境，成为他们最真诚的朋友。这样不仅仅能够实现你的识心目的，也能够帮助对方走出游戏的幻境，勇敢地面对现实。

长跑注注不是因为爱运动

在生活中，不难看到一些人总是喜欢长跑运动，你或许会认为对方喜欢长跑运动，但是却不尽然，很多时候喜欢长跑的人不是因为喜欢运动，而是不得不运动。当你发现你的身边有喜欢长跑的人的时候，你就要从他的职业、家庭、地位等多个方面来了解，看清对方跑步的心态，从而也有利于你认清对方的内心世界。

长跑这项运动有一个特点就是能够锻炼人的忍耐力和毅力，所以说喜欢长跑的人往往有着很好的毅力。

当你发现一个人有长跑的习惯的时候，你就要意识到对方可能是因为某种原因，或许你首先想到的就是对方是一个喜欢运动的人，但是大部分的时候，对方不是因为喜欢长跑而运动的，往往是有其他的目的或者是原因。

首先，对方可能是希望训练或者是锻炼自己的忍耐力和毅力，要知道在长跑的过程中，最需要的不是力气，而是耐力，有耐力才能够坚持到底。当你在长跑的过程中，肯定会有感觉到累的时候，当你感觉到自己的双腿有疲惫的感觉时，你会有一种停下来的冲动，但是你知道这个时候你不能停下来，那么你就会逼迫自己继续跑下去，即便再累也不允许自己停下来，最终会发现自己坚持到了最后。因为这个原因而长跑或者是运动的人，往往对自己有着很高的要求，他们不会让自己堕落，更不允许自己不如以前，他们总是积极向上，不管是在生活中还是在工作中，他们都会坚持完成一件事情，不允许自己半途而废。在他们看来自己半途而废就是对自己最大的不负责任。在很多时候，他们宁可选择失败也不允许自己半途而废。这样的人往往有着很强的毅力，每做一件事情都会十分的用心。所以说爱好跑步的人不一定就是喜欢运动的人。

其次，喜欢长跑的人也可能是想要释放自己的压力，这样的人或许在生活上或者是事业上有一定的压力，需要找到一种方式来发泄。很多人会选择长跑，因为这种运动会让一个人的内心平静下来，同时当他们跑累的时候，反而会有一种轻松的感觉。要知道跑步是一种很好地释放自己压力的方式。如果你想要了解他们的内心世界，那么就要了解对方的职业，一般压力大的人都会选择一种运动来释放自己的压力，调节自己的心情。

最后，再有一种人，他们选择长跑的原因很简单，就是希望锻炼身体。对于现在的人们来说，工作压力太大，尤其是上班族和白领们，他们总是待在办公室，缺乏锻炼，身体素质明显下降。再加上天天面对电脑和待在空调的屋子里，这让他们的身体素质更加得不好，他们只能够在闲暇的时间里来锻炼自己的身体素质，那么最好的办法就是运动，所以说对方不一定是喜欢运动，而是为了自己的健康而选择运动的。一个善于识心的人，是不会放弃对方运动的过程的。如果在长跑的过程中，对方选择了跑跑停停，那么就可以看出对方是一个身体素质很差的人，这或许和他的职业有关，这个时候你就要了解对方的职业，从而了解对方的内心世界。

当然你要考虑对方的年龄，如果对方是一个年轻人，那么对方可能是因为自己天天坐在办公室，缺乏运动而锻炼的，也可能是因为工作压力大想通过运动来发泄的。如果对方是一个上了年纪的老年人，那么对方运动的目的就是为了锻炼身体。所以说要分析对方的内心世界，这点是十分重要的。

一个善于识心的人，总是能够通过各种方式来了解一个人的内心世界。当你发现一个人坚持跑步或者是其他的运动的时候，就要考虑对方是因为喜欢运动而运动，还是有自己的目的的。很多时候不要只是看表面的现象，要通过自己的观察和分析来了解实质的内容。这样才能够帮助你认识对方的真实想法，最终了解对方的内心世界。

慧眼识 心 法则

经常钓鱼的人，不一定是因为喜欢吃鱼。同样，习惯长跑的人不一定是喜欢运动。人们选择长跑不一定是因为它是一件轻松的事情，而是因为长跑运动能够帮助对方放松心情。通过长跑运动，你会感觉到内心的轻松，很多人长跑的目的就是希望能够让自己的心情变得更加的舒畅，跑出自己的不快，释放内心的沮丧，发泄自己的不满，最终让汗水冲淡生活带来的疲倦，最终留下新的动力，冲刺未来的坎坷。

听什么样的歌，做什么样的人

有些歌曲悠长哀婉，象征着对方心情忧郁惆怅，有些歌曲欢快愉悦，表示着对方心情很好，或者可以说对方在尽量地调整着自己的心情，想让自己的心情尽快好起来。有些人喜欢古乐，说明他很留恋过去；有些人崇尚摇滚，说明他性格另类，对现实有自己独到的想法；有些人喜欢嘻哈，一般都是一个可以给很多人带来快乐的人。应该从喜欢不同音乐感觉的人入手，探察人心，然后再根据不同人的性格心理特点有针对性地去接近对方。

歌曲往往是很多人的爱好所在，或许你会认为对方爱好听歌就是为了放松自己。那么如果你是这样想的你就错了，要知道在很多时候，爱好听歌不一定是为了放松自我，同样，听不同的歌曲也反映了不同人的性格。

（1）爱好听流行歌曲的人

爱好听流行歌曲的多半是年轻人，但是也有很多中年人或是老人都

癖好识人法
——领悟癖好识人中的助胜法宝

喜欢听流行歌，这个时候你要学会从不同的角度去分辨对方的心理。如果是一个年轻人，爱听流行歌曲是十分正常的事情。你或许会忽视对方听流行歌曲的现象，你也要分析对方的内心世界，要知道这样的年轻人多半是爱赶潮流的人，或者是追星族。他们喜欢明星，喜欢名牌，喜欢新潮的东西。所以在生活中，这样的人总是显得毫不在乎，表现出来的总是满不在乎，但是内心却十分地认真，尤其是对歌曲和自己喜欢的明星，他们认真地听明星唱的每首歌，记住明星的每条新闻，所以说他们内心是一个仔细的人。但同时他们也是十分感性的人，在他们的内心中，感情十分的丰富，只是有的时候不知道怎么去表达而已。对于很多中年人喜欢流行歌，或许是因为某些原因才喜欢这些歌曲，或者说是有原因才去听这些歌曲的。比如工作原因，在工作中要想实现自己的交际目的，自己的交际对象不一定是同年龄段的人，所以就要学会不同年龄段喜欢的歌曲，这样的人听歌往往是有目的的，同样办事情也是有目的的，这样的人往往目的性很强，同时也很理智，不会轻易地去相信某个人，同时也不会轻易地将自己的真实内心展现给对方。

（2）喜欢听古典音乐的人

这类人往往是对古典艺术或者说传统文化十分感兴趣的人，他们喜欢古典美，喜欢从古典音乐中找到自己的归宿。在生活中，他们多多少少会有些不如意，所以期望让古典音乐来陶冶自己，从而让自己内心得到平衡。这样的人有的时候思想十分地压抑，只有通过这样的音乐来使自己得到放松，所以说在交际中，当你看到一个人十分地喜欢听古典音乐的时候，你就要学会结合对方的生活环境以及家庭来分析对方的性格。当然，有的时候一个爱听古典音乐的人，往往有着很高的修养水准。他们往往受过良好的教育，在他们的生活中，古典的东西就是经典的，他们喜欢将自己的生活布满古典的意蕴。所以说，当你看到这样的人的时候，你会感觉到对方身上有一种莫名的气质，这种气质会吸引你去观察对方，这就是对方的个性魅力的外在表现。同样，这样的人往往是很清高的人，他们最在意的就是你是否会尊重对方的选择，这一点十分的重要。要想了解对方是什么样的人，看对方爱听什么歌是很重要的了解途径。

(3) 喜欢听外国的音乐

这样的人要从不同的方面去分析，不能一概而论。首先，有一种人，这种人是纯粹的喜欢外国的音乐，他们没有目的，只是因为喜欢而喜欢。这样的人或许是在国外生活过的人，他们喜欢上了那个国家的文化，从而喜欢上了对方国家的音乐，这样的人往往有着很高的涵养，对事情有着自己独到的见解，做事情总是有自己的主见，不喜欢跟从别人的思路。所以这样的人喜欢自由的职业，不喜欢过于压抑的生活，在他们的生活中，压力往往不会很大，所以他们的内心往往是无拘无束的。第二种人喜欢外国音乐是因为需要"撑面子"，他们的交际圈往往很广，交际对象也往往有一定的地位。他们为了交际成功而选择了解外国歌曲，是想通过歌曲来让自己和对方有共同语言，从而实现自己的交际目的，所以说他们不一定是喜欢外国歌曲，而是需要外国歌曲为他们赚足面子，或者是实现自己的交际目的。所以说，当你发现一个人喜欢听外国歌曲的时候，要善于分析对方的内心，这样才能够让你认清对方的真实面目。

在生活中，当你发现你的交际对象喜欢听不同的歌曲的时候，你就要分析对方的内心世界和性格特点。如果对方喜欢听流行歌曲，那么对方可能内心是一个比较容易激动和比较感性化的人，当你的交际对象是

癖好识人法
——领悟癖好识人中的助胜法宝

一个比较喜欢听古典歌曲的时候，对方可能是一个性格上比较内向、比较稳重的人，当你的交际对象是一个喜欢听外国歌曲的人的时候，对方可能是一个有涵养的人，也可能是一个目的性很强的人，所以说不同的歌曲能够反映一个人的内心世界，从而实现自己的识心目的。

慧眼识 心 法则

　　爱好听歌，不一定是为了放松自己，因为不同的人听不同的歌，往往有着不同的目的。不管是劲爆的流行歌曲还是意味深长的古典乐曲，通过不同的音乐，我们能够分辨出一个人的性格和情绪波动，从对方的情绪波动上，认识到对方内心的变化。

选择杂志的类型是对方内心需要的表现

　　不同的需要有不同的反映途径，通过不同的杂志你可以看出对方的需求，从对方的需求入手，最终你才能实现自己识心的目的。当你发现一个人总是迷恋一种杂志的时候，你要分析这本杂志，这样你就能够发现对方的内心需要，最终实现自己的识心目的。

　　不同的杂志往往有着不同的爱好群，同样，对这些杂志的爱好往往能够表现出这个人的需求，因此在交际时，你可以通过需求来认识这个人的内心世界。通过杂志来了解一个人的内心世界，往往是对方真实内心的体现。

很多年轻人喜欢时尚杂志，他们总是喜欢花掉很多钱来购买很厚的时尚杂志来读，那些时尚杂志总能够表达出他们的心声。当你看到一些女士喜欢买时尚杂志的时候，你会发现这样的女士对时装或者是化妆品往往有一定的要求，他们会关注每年的流行颜色和流行款式，从而去购买，同时她们往往喜欢名牌的衣服或者是化妆品，在她们眼里这些都是十分重要的，是生活中不可或缺的一部分，这样的人往往十分注意自己的形象，在他们的眼里形象往往比一切都重要，所以说在交际的时候你要善于把握住这样的人的心理，从而实现自己的识心目的。同样，很多人喜欢时尚杂志往往也是自己的职业所需，因为自己的职业，他必须关注时尚杂志，所以你要善于分辨对方的这些特点，从而真正地了解对方的内心世界。

当你看到一些人十分地喜欢财经杂志的时候，你就要知道这样的人总是在一定的范围内有着经济的头脑。当然这个时候你也可以猜对方的身份，对方可能是一个商人，并且有着成功的事业，对方之所以看这些财经方面的杂志是因为他需要了解财经动态，从而让自己的事业发展得更好，对方看财经杂志不乏有竞争或者是防范对手的意识，因此这样的人往往有着不为人知的心机，同时也是一个事业心很重的人。另一种人之所以看财经杂志是因为他希望了解当今的经济发展形势或者说了解当今行业发展趋势，对方在事业上不一定有多么辉煌的成就，但是他有着奋斗的心理，希望自己能够奋斗成功，所以才会关注经济方面的发展情况。由此可见，这样的人不一定有着深远的思想，但是一定拥有奋斗的决心。因此，从对方看杂志的种类上我们就能够分辨出对方的内心世界或者说是对方的思想意识。

　　有的人喜欢看一些居家或者是饮食方面的杂志，从这方面我们可以看出对方的内心世界。当你看到一个成年人或者说是一个中年人喜欢看饮食方面的杂志，当然这一部分人群多是女性，那么对方可能是一个简单的家庭主妇，之所以看这些杂志是想要为自己的家人做出可口的饭菜，为的只是自己的家人能够健康。当你看到一些年轻的女性喜欢看饮食方面的杂志的时候，那么可能是自己身体的需要，比如说对方的体型偏胖的时候，她会看饮食杂志，从杂志上学习一些做菜的技巧，从而帮助自己减肥，满足自己减肥的目的。当你看到一个面色苍白的人在看饮食杂志的时候，或许对方是想让自己变得更加的健康，让自己的脸色变得更加的充满朝气。所以说，不同的杂志往往是对方需求的承载物，对方希望自己通过看杂志，来满足自己内心的需要。

　　有的年轻人十分地喜欢看科普或者是和科技有关的杂志，这样的人多半是学生，他们对科学充满着乐趣，所以在他们的心目中，杂志就是科学的承载者。在他们的思想上没有过多的考虑，只是为了学习而看杂志。

　　有的人喜欢看一些汽车杂志，这样的人分为两种，一种是真正的爱车族，另一种人是为了了解汽车。真正的爱车族希望能够认识更多的车，或者是让自己更加地了解汽车，他们不惜花费大部分的闲暇时间来关注各种各样的汽车，这样的人总是能够对自己喜欢的东西有着很强的偏好，同时也是能够集中注意力来干好某件事情的人，所以说这样的人往往有专注力，但是他们不善于沟通，往往是自己在闭门造车，这样往往会影响到他们达成目标的效率。另一种人就是为了了解汽车而看杂志的人，他们不一定是喜欢汽车，但是会希望了解汽车，这样的人多半是有目的性在其中的，因此在交际中，这样的人也会有一定的目的性，所以说这样的人是不容易接触的，因为你不知道对方是不是会希望和你交往，从而要想认识对方的内心世界也将变成一件难事。

总而言之，一本简简单单的杂志之所以能够在市面上广泛流传，主要原因是它能够满足不同的人们的阅读需要，而这种需要中往往就蕴涵着他们不同的思想、心境、性格，以及身份地位的需要。有些杂志满足了他们的虚荣心，有些却展现了他们务实的本质，而有一些，完全就能看得出对方是一个对某一领域时刻保持着恒久的兴趣和执著的探索精神，而这一切都将成为一种辨识人心的有效方法，只要你留心观察，就能在一瞬间掌握对方内心世界里很多不为人知的小秘密。

慧眼识 心 法则

一个善于识心的人，是能够通过不同的杂志来了解对方的内心世界的。因为对方看杂志的不同正是表明对方的内心需求的不同，如果你能够满足对方的内心需求，那么你也就能够让对方更加地信赖你。

收集偏好，让你读懂对方内心世界

在生活中，你会发现很多人喜欢收藏，不管是什么东西都有人喜欢收藏，比如说很多人喜欢将自己买的东西的包装纸收藏起来，有的人喜欢收集邮票，有的人喜欢收集旧的电池等，很多人都有着收集的偏好，这经常会引起众多人的不理解，可是你知道吗？收集不同的东西，也能够表现出一个人内心的真实世界。

你要想从收集偏好上认识一个人，那么你就要学会分析收集不同的东西的内心的不同表达，同时也要抓住对方收集爱好的共同点。因此，要想认识一个人的真实内心，就要善于观察对方的偏好，从而分析对方爱好的共同之处，发现不同的行为，从而分辨对方内心是否真实。

（1）喜欢收集邮票的人

在生活中，你会发现很多人喜欢收集邮票，很多人认为邮票是有价值有意义的东西，所以在生活中，对邮票的收集也是十分有意义的，甚至很多时候，他们看到有价值甚至是罕见的邮票的时候，他们不惜重金买下。这样的人是一个性情中人，他们往往不会过于看重金钱，尤其是对自己喜欢的东西或者是自己在意的人，他们会大方地给予物质上的帮助，这样的人对待自己的朋友往往是十分慷慨的，他们不会考虑金钱上或者是物质上的损失，所以说这样的人往往拥有很多志同道合的朋友。但是，他们往往也是一个比较盲目的人，当自己认为是正确的事情或者是有价值的事情的时候，他们会盲目地跟从，不会多加考虑，因此这样也就会让他们在不知不觉中受到伤害，因此，他们虽然是性情中人，但是也往往有着盲目的性格，与这样的人相处，你要用自己的真性情与其相处，这样才能够真正地了解对方。

（2）喜欢收集旧电池的人

这样的人很多，不同的年龄段都有，但是很多人的目的就是一个，为了保护环境，这一点往往是很多人都存在的心理，不过爱好收集旧电池的人将保护环境付诸实践。爱护环境往往能够体现出一个人内心的美好和伟大，他们不仅仅能够考虑到自己，往往能够有着广阔的思维和见识，有着顾全大局的意识，因此在交际中，他们总是能够从大局出发，让自己得到别人的认可。在工作中，他们也能够从公司或者是团队的利益出发，从而完成公司交给的任务。所以说，这样的人往往有着大局意识，同时他们又是一个细心的人，从小事情上做起，从而积攒出大的成就。与这样的人相处，你就要拥有一颗善良的心，从大局出发，不要只是看到社会消极的一面，要看到生活中的美，这样才能够实现识心的目的。

（3）喜欢收集电话充值卡的人

对不同的人来讲，不同的东西有着不同的价值。当你买了电话充值卡，充完值之后，你会毫不客气地将电话充值卡扔到垃圾箱中，认为那已经是废弃物。但是，有的人会收集各种各样的电话充值卡，原因很简单，就是因为充值卡上的图案，很多人收集这些东西就是为了自己的乐趣，因此这样的人往往十分的单纯，他们不会过多地考虑自己所作所为的价值，而是想做就做，这样的人，往往十分的简单。他们不会有过多的心机，也不会有过多的思维。但是正是因为这样，他们会拥有很多真诚的朋友，和他们相处，你也要真诚，这样才能走进对方的内心世界。

（4）爱好收集书的人

收集书当然不是收集所有人的书，有的人会将自己喜欢的作家或者是自己喜欢的风格的书收集起来，他们不一定经常翻看，但是他们会将书摆放得整整齐齐，目的就是满足自己收集书的内心。很多人对自己喜欢的作家的书十分地热衷，当书一上市，他们就会不加考虑地买上一本甚至是多本，然后收集起来，不肯错失一本。这样的人往往是感性的

癖好识人法
——领悟癖好识人中的助胜法宝

143

人，他们往往会感情用事，不会过多地考虑后果，但是他们往往会在一种书籍上得到自己内心的满足，从而实现自己的目的。所以说，这样的人往往感情丰富，同时又有着某方面独到的见解。与这样的人相处，你不需要所有的事情都按照对方的思维进行，要学会体现自己的思想和见解，这样对方才会真正地把你当做朋友。

(5) 爱好收集树叶的人

收集树叶做成标本，往往是很多人的爱好，小至孩童，大至近百老人。这么做最直接的反映就是他们都喜欢自然，向往自然，当你看到一个小孩儿捡起地上的一片树叶，放进自己不大的书包中的时候，你就应该知道这样的孩子是一个有着美好的心灵，向往美好自然的孩子。再者，这样的人往往有着同情心，也就是心肠比较软弱。他们会同情很多人很多事情，所以往往会被利用，很多人会利用他们的同情心来达成自己的目的。所以说，他们内心是比较软弱的人，但是在某些时候又是十分可爱的人。当你认识这样的人的时候，你就要看到对方内心软弱的地方，不要轻易地踏到对方内心不为人知的软弱。

(6) 爱好收集钱币的人

很多人会收集不同年份的钱币，然后整整齐齐地摆好放好。这样的人内心总是追求完美，因为他们不允许这些钱币中缺少任何一个，如果少了某种钱币，他们就会想尽办法去寻找，直到找到为止。由此可见，他们是追求完美的人，在他们的心目中很多事情自己就要做得很完美，所以说他们总是对自己的要求十分严格，做事情也是十分认真的人。要想和这样的人交往成功，就要认真地对待对方，从而实现自己的识心目的。

在生活中，爱好收集的人很多，不管是什么东西，只要对不同的人有价值可言，那么就有人愿意收集，收集是一种个人爱好，但是往往能够反映出一个人的真实内心世界。当然不管是收集什么东西，都会有着一个共同点，那就是爱好收集的人往往都是恋旧的人，他们对旧东西或者是自己用过的东西有一种难舍弃的情怀，或者说他们对自己用过的东西很容易产生感情。当然不仅仅是自己用过的东西，他们对自己经历的人或者是事情，都容易产生感情，所以说这样的人多半是感情比较丰富、恋旧的人。如果你能够抓住这一点，那么你也就能够实现自己的识心目的。

慧眼识 心 法则

一个善于识心的人是不会放弃对方生活中的点点滴滴的，当他的交际对象是一个恋旧的人的时候，他就会抓住对方的这一点，从而研究或者是观察对方的真实内心世界。当你发现你的交际对象是一个喜欢收集或者是收藏的人的时候，你就要善于从不同的物品特点上来分析这个人的真实内心世界，从而更好地了解对方。

癖好识人法
——领悟癖好识人中的助胜法宝

本章小结

善于识心的人，总是能够通过对方的癖好或者是爱好，了解到对方的内心世界，从而让自己能够更好地把握对方，对方的癖好往往是对方内心的真实反映，所以说你要善于发现对方的癖好，最终实现自己的识心目的。

那么要从哪些爱好来了解一个人的性格特征或者是真实内心世界呢？首先，当你看到一个人对琴棋书画有一定的研究的时候，你就要分析对方是不是一个十分有涵养的人。爱旅游的人往往有着自己的追求目标。其次，当你看到一个人对汽车有着强烈的兴趣的时候，你就要明白对方爱车的真正目的或者是原因，这对你了解他们的内心是十分重要的。同样地，当你看到一个人十分地喜欢打电玩的时候，对方也可能是因为寂寞。再者，爱好长跑的人不一定是喜欢运动，听歌的类型不同，说明这个人的内心或者是性格有着不同的地方。最后，看到不同的人看不同的杂志的时候，要明白对方不同的需求，当你看到一个人有着不同的收藏爱好的时候，要明白对方可能是一个恋旧的人。所以说，要通过这些方面来认识一个人的真实内心世界，从而让自己了解这个人的真实内心。

社交知人法
——把握交际识人中的局势变化

　　在社交场合,你难免会接触到各式各样的人,那么这个时候你就要意识到,认识对方真实内心的机会已经到来,要知道不同的人在社交场合会展现出自己不同的内心世界,如果你能够抓住这一点,那么你也就能够实现自己的交际目的。同时,当你能够把握人与人之间的关系变化的时候,你也就能够更好地认识对方的内心。所以说在社交中认识一个人的真实内心是十分重要的,也是必须要考虑的识心途径。

第一印象是社交第一把识人锁

　　在识心的过程中，第一印象总是十分的重要，当你学会通过第一印象来认识对方内心世界的时候，你也就学会了社交识心的关键。因为人们总是以他们对某一个人的第一印象为背景框架，去理解他们后来获得的有关此人的信息，在人际交往中，你与对方的第一次见面或者是交际就是你的机遇，如果你能够利用第一印象来实现自己识心的目的，你也就为你的应酬成功创造了时机，因此你要学会通过第一印象来把握对方的真实内心。

　　人与人第一次交往中给人留下的印象，在对方的头脑中形成并占据着主导地位，而这种效应就是我们平时所说的首因效应。我们常说的"给人留下一个好印象"，一般指的就是第一印象，这里就存在着首因效应的作用。在社交活动中，我们可以利用这种效应，展示给人一种极好的形象，为以后的交流打下良好的基础。通过他人的第一印象，你要决定是否有必要和对方继续交往。因此，在识心的过程中，通过第一印象来了解对方是十分重要的途径，因为第一印象往往是你的第一感受。

　　一个人的第一印象往往会给对方留下很深的烙印，如果你在第一次交往中给别人留下了一个好印象，别人就乐于跟你进行第二次交往，从而拉近你们的关系，得到对方的信任，同时，了解对方的内心世界也将不是一件难事；同样的道理，当你对一个人产生兴趣的时候，你也会从对方的第一印象入手，从而掌握了解对方内心的关键，最终实现自己识心的目的。

既然第一印象如此重要，那么怎么样才能让你从对方的第一印象中认识对方的真实内心世界呢？

在交往中，不管是跟谁说话，一定要记住用眼睛来观察对方，要知道眼神是拉近彼此关系的重要途径。例如当你进入坐满人的房间时，应自然地举目四顾，微笑着用目光照顾到所有的人，要保证自己的眼光自然地流露出感情，要利用好眼神的力量，实现交际的目的，识心也是一样的，你可以通过对方的眼睛来了解对方的真实内心世界，从而更真实地了解对方的内心。

同时在交往中，要善于发挥自己的长处，让对方知道自己的特长，用自己的长处去吸引对方，从而让对方愿意和自己交往，这样对方下意识地就会习惯与你交往，自然而然地吐露自己的心扉。如果你发挥自己的长处，别人就会喜欢跟你在一起，并容易同你合作。所以，与人交往，要充满自信，让对方相信你，信任你，最终你也就能够实现自己识心的目的。

同时，要想了解一个人的内心世界，就必须拥有良好的心态，心态十分的重要，当你在与人交往时，如果能够自信热情地与人交往，那么你就算是保持了良好的交往心态。所以说，一个自信的人，总是能够通过对方的第一印象来了解一个人的内心，从而更加地吸引对方，最终实现识心的目的。

李良良是IT行业中的"白领"一族，工作能力和业务素质都很好。但是他有个不好的习惯，整天一身破牛仔服，总是给人一种吊儿郎当的印象。有一次，公司有一个很重要的发展机会，一个美国客户希望与自己的公司合作。美国客户穿着西装，在说话的时候十分的稳重，每说一句话都会很礼貌地讲出自己的思想，可以看出对方是一个十分注重细节的人，当然李良良知道这次机遇的难得。李良良打算在饭桌上谈论这些事情，于是邀请对方的高层在饭店见面。晚上，李良良还是穿着他喜欢的牛仔服，还是一副吊儿郎当的形象出现在了美国客户的面前，当时对方的脸上就显露出了惊奇，通过和李良良的交谈发现他说话和他的穿着打扮一样，不注意细节。

最终，在这顿晚宴还没结束的时候，美国客户就以临时有事，离开了饭店，当然，这次合作以失败告终。事后才知道，客户是因为对他第一印象不过关而没有选择合作，他的第一印象让客户看到了李良良反叛、不能够考虑团队的一面，因此才会失败。

通过这个例子，看出李良良正是由于第一印象就没过关，所以失去了一次大好的机会。要知道第一印象往往能够看出对方内心的潜在想法，有的时候对方都不知道自己内心到底是怎么想的，但是通过他的外在表现，从而会自然而然地流露出他们的真实想法，最终实现自己识心的目的。

第一印象往往是交往的基石，能通过第一印象来了解一个人是你社交识心成功的关键因素之一，因此在交往和应酬中，要抓住第一印象这次机遇，让你通过对别人的第一次接触来实现自己的识心目的，在交往中，第一印象往往能够决定以后的交往深度。通过对他人性格的了解，从而作出自己的判断，最终走入对方的内心，实现自己识心的目的。

慧眼识 心 法则

在社交场合中，第一印象算是识心的第一个步骤，你可以通过对对方的第一印象来鉴别对方的真实内心。一个善于识心的人，总是能够很好地把握对方的第一印象，同时也能够抓住自己给别人留下的好印象，吸引对方，从而发现识心的机遇，达成识心的目的。当你通过对方的第一印象来认识对方时，不要过于盲目，而是要善于分析，只有这样才能够真正地把握对方的内心世界，从而切切实实地了解对方。

饭桌礼仪看透对方心理

在中国，办事吃饭是常事，但如果你不懂得其中的礼节，那么你往往会出丑，这个时候你请客的目的往往不会实现。所以说，在交际时，要注意饭桌礼节，从饭桌礼节上看透对方的内心世界。在饭桌上你能够发现对方的真实想法，这一点是十分重要的。

在人际交往中，宴请是一件十分重要的交际手段，所以不管是什么时候，都要学会合理地利用这种交际手段，从而帮助自己实现自己识心的目的。在酒场中，一个善于识心的人，总是能够通过饭桌上的礼节，来认识对方的真实内心世界。

在饭桌上有很多的讲究，不仅你要注意这些礼节，而且在很多时候，你通过对方对礼节的注意也能够实现自己识心的目的。首先从点菜上来讲，点菜也是一门技术活，从点菜上也能够看出一个人的真实内心。比如有的人在朋友或者是他人请客吃饭时，就会点昂贵的菜肴。这样的人一般是比较爱占小便宜的人，他们不管是在大事上还是在小事上，都不肯吃亏，与这样的人交往，你要做好吃亏的准备。有的人点菜的时候会征询大家的意见，不会只按照自己的喜好点菜，这样的人一般是明白事理的人，不自私，这样的人为人很真诚，与这样的人交往不需要过多地思考，无论在什么时候他们都会真诚地对你。同样，有些人点菜的时候会比较注意同坐客人南北地域的不同口味，而且会照顾到在席的客人是女性偏多还是男性偏多，这样的人比较顾全大局，眼光长远，而且比较体贴人，他们总是会从他人的角度出发，考虑事情做得是否周全，因此，和这样的人交往，对方会从你的角度考虑问题。当你看到一个人在点菜的过程中，总是选择自己喜欢的食物的时候，那么可以看出这样的人多半是一个自私的人，他们喜欢我行我素，不习惯过多地考虑别人。所以你会发现这样的人点菜时不会做到有荤有素，有冷有热，有干有汤，难以做到面面俱到。这样的人考虑问题往往是单一的，不能够做到全面地思考问题，在很多时候，这样的人往往只是为自己考虑，无法做到考虑别人。

再从座次上讲，总的来讲，座次是"尚左尊东"、"面朝大门为尊"。若是圆桌，则正对大门的为主客，主客左右手边的位置，则以离主客的距离来看，越靠近主客位置越尊，相同距离则左侧尊于右侧。若为八仙桌，如果有正对大门的座位，则正对大门一侧的右位为主客。如果不正对大门，则面东的一侧右席为首席。如果你是被邀请者，那么就应该听从东道主安排入座。一般来说，如果你的老板出席的话，你应该将老板引至主座，请客户最高级别的坐在主座左侧位置。在饭桌上懂得礼貌的人是不会轻易地坐到主座上去的，如果你发现一个人不管不顾地直接坐到主座上的时候，你就要分析对方的真实内心世界了，这样的人或许是一个比较自负的人，因为在他看来只有自己适合坐在这里，所以说这个时候你要想和这样的人和平相处，就要学会满足对方的自负心理，从而达到交际和识心的目的。同样，当你发现一个地位比较高的人总是推辞不希望自己坐在主座上的时候，那可能证明对方是一个比较谦虚的人，在他看来比自己地位高的人多的是，所以他不希望坐在那个位置上，当然有的时候过分地谦虚往往也不利于交际。比如说当一个老板和自己的员工一起就餐的时候，那么他就必须坐在主座上，如果他这个时候谦虚不坐在主座上，那么会影响到宴会的进行。所以说，通过对方所坐的位子，我们可以分辨出一个人的真实内心世界。

当然，通过他人的吃相或者是对方的言语也能够看出对方的内心。比如有些人明明说自己请客，可吃到一半就说自己有事要提前走，这样的人多半是言而无信的人，所以这样的人不可交。有些人在酒桌上想吃什么就玩儿命吃，根本不会去想别人有没有下筷子，完全不顾及自己的形象，更不顾及他人的看法，这样的人多半是自私的人，通过对对方饭桌上行动的了解，可以看出对方的内心世界，达到识心的目的。

总而言之，一个善于识心的人，往往会通过宴请或者是聚会来认识一个人的真实内心。在酒桌上或者是饭桌上，往往能够通过对方的礼节来认识对方内心的某些活动，在很多时候，对方的一些内心潜在的思想会通过他们在酒桌上的礼节表现出来，这个时候如果你能够认识到对方的真实思想，那么是十分有利于你达到识心的目的的。

慧眼识 心 法则

在交际的过程中，要想通过饭桌上的礼节来认识对方的真实内心世界，就要学会从对方的座次、点菜等多个方面来认识对方的真实内心。如果这个时候你能够通过对方的这些思想来认识对方的内心，那么你会发现对方的品格，以此也可以帮助你选择自己的交际对象。要想认识一个人的真实内心，通过饭桌礼节来认识对方是一个不错的办法。

握手有讲究，心理有差异

常言道："伸出一只手，就知有没有。"握手不仅仅可以让我们交到好朋友，增进彼此之间的亲近之感。里面的门门道道可以说是相当的

154

深，简简单单的一个小动作，却可以让识心的高手一眼看破对方内心的思虑、性格，甚至是身份，在职场中所处的位置。这真是一门高深的学问，需要我们反反复复地历练自己那敏锐的眼睛。

　　握手是在人类礼仪文化中出现较早的一种交流方式，最早人们相互之间握手，是为了向对方表明自己手里没有携带武器，不会给对方带来伤害。而现在随着时代的进步和社会的发展，人们对于握手赋予了很多的意义，当你在交际的时候你会发现握手的内在含义。这种源于人类懵懂时期的握手礼流传至今，已经成为必不可少的交流手段。无论是在商务会所，还是舞场歌厅，或者在正式的外交场合，握手都是一种常见的礼仪。正因为人们经常遇到和别人握手的机会，所以，明白握手所产生的含义，就变成了一门社交的艺术。同时，通过握手你也能够发现一个人的内心世界和心理差异。

　　握手是有讲究的，不是只要是握手就代表着礼貌。在很多时候握手往往是你内心世界的发现，不同的握手方式也代表着不同的内涵和含义，所以说在交际中，要善于分析对方的内心世界，从对方的握手姿势上观察对方的内心世界，这样才能真正地了解一个人的内心。

　　从握手是否主动上来讲，就能够看出一个人的心理。握手是否主动显示对方的结交愿望，有的人习惯在社交场合主动伸出自己的手，这是一种向外界传达自己友好的表示，但在某些情况下，这种友好并不能得到对方的回应，所以，在我们伸出手去之前，应该仔细观察一下对方是否同样有握手的愿望。尤其是在面对和我们身份、地位悬殊的人时，如果对方能够伸出手来，我们可以伸出手去，来一次真诚的握手；如果对方根本没有在意我们，这时候我们主动伸手往往会遭遇对方不回应的尴尬，所以还是不伸为好。由此可见，主动握手的人，表明自己有着很强烈的交际愿望，如果得不到对方的回应，那么表明对方对你不够重视，在对方的心目中，你还不是他希望交际的对象。因此，在交际中，主动握手的人往往是一个热情的人，同时也是一个善于交际和善于结交朋友的人。

另外，在初次相识的时候，有的人能够主动伸出手来和你握手，这是向你表示他希望成为你的朋友。但有的人却不会这么主动，因为在他的眼里，你还不是一个可以信赖的朋友，他还在猜度你的来历和诚意。在这个时候你贸然和对方握手，想用这种方法拉近和对方的距离，表示自己的友好，但实际效果可能并不好，对方会认为你这种握手方式过于生硬、过于强势，从而增添对你的反感。所以，在交际场合，要善于分析对方主动握手和被动握手的心理，这样你会发现对方的内心世界，从而更好地认识对方。

当然，从握手的力度上也是能够看出一个人的整体素质和基本品质的。人们握手一般分成三种力度，一种是魁梧有力的，一种是轻描淡写的，还有一种是恰到好处的。魁梧有力的握手容易给对方留下深刻的印象，如果一个人和别人握手时，给人感觉是浑厚有力而且很扎实的，那么这个人十有八九为人比较正直，待人很真诚，具有积极主动、进取心强的性格特点，个人的综合文化素质也比较高，因此和这样的人交往也是比较可信的。需要注意的是，这种有力也是有一定限度的，我们在看影视剧的时候，经常看到有些汉子把对方的手握得生疼，这样的握手显示出来的就是鲁莽了，所以说用力也有一个限度。而那些握手似有气无力、缺乏生机的人则显示出性格懦弱、感情脆弱，所体现出来的个人文化素质、身体素质都比较低。第三种就是恰到好处的握手力度，让对方能够感受到你的热情，同时又能十分地信任你，这样你就要把握好自己握手的力度，让自己在交际中更加容易被别人信任，从而实现识心的目的也就会变得理所当然。

当然通过不同的握手方式也能反映一个人的性格，从对方的性格上你能够映射出对方的真实内心世界。当对方和你握手的时候总是喜欢拉着你的手臂，一只手和你握着，另一只手还拉着你的手臂，这种人往往过分谦恭，在他人面前唯唯诺诺、轻视自我，这样的人会给你一种没有主见的印象，所以要想了解这样的人的内心世界，也不是一件难事，只要让对方感觉出你有才能就能够轻而易举地征服对方，从而实现自己识心的目的。

另一种是和你握手，你感觉到对方握手时伸出一只无任何力度、质感，不显示任何积极信息的手。这种人的性格不是生性懦弱，就是对人冷漠无情，待人接物消极傲慢。这样的人往往对别人要求很高，而对自己总是习惯性地放任，这样的人也不会轻易地相信你，所以要想认识这样的人的内心世界，你就要付出一定的努力了。

还有一种是，当你和对方握手时，感觉到对方满手心都是汗水，冷冰冰、湿漉漉的，这说明对方心里高度紧张，缺乏自信，或者干脆是一种病态的表示。因此，要想和这样的人交际成功，实现识心的目的，就要学会帮助对方放松心情，从而让对方自然地吐露自己的心声。这样你才能真正地了解对方，从而实现自己识心的目的。

一个善于识心的人，总是能够通过对方的握手这个简单的姿势来分辨对方的内心世界。当你发现一个人总是习惯性地主动握手的时候，那

社交知人法
——把握交际识人中的局势变化

么这个人一定是一个比较积极的人，同时也是一个比较喜欢结交朋友的人，所以了解这样的人的真实内心往往不是一件难事。但是在很多时候，对方的握手方式往往会出卖一个人的真实内心世界，所以说你要学会观察一个人的握手方式，从而了解一个人的真实内心。

慧眼识 ♥ 法则

善于识心的人，会抓住社交场上的机会，观察对方的每一个动作，当然握手是必不可少的，要想结交朋友，就伸出你的手来；要想认识朋友，除了用心去感悟，还可以用手心去感觉，这样你才能真正地了解对方的真实内心世界。

酒后言语，听出对方真实内心

俗话说得好"酒后吐真言"，很多人在清醒的时候不想讲出自己的真实想法，但是喝醉之后就会大胆地说出自己的想法和思维。同样地，很多人有很多话在平时是不敢说出来的，但是一旦喝了点酒，就会讲出自己内心的不快和不满。当一个人"借酒壮胆"的时候，那么你也就能够知道他们所讲的往往是内心所想的，同样也是真实的。

当然在酒后的言语不一定都是真实的，你要学会分辨对方的言语，这就要看对方的为人和所在的场合了，要想知道一个人酒后的言语是否真实，就要学会分辨，同时，当你意识到一个人在酒后的真实言语的时候，你也要分辨，分辨对方的内心。这样你才能够真正地了解对方的心情，从而实现自己识心的目的。

大多数人在酒后说的话都是跟自己平日的工作、生活中的问题以及自己的烦恼有关。比如说在当今社会，工作压力很大的情况下，很多人选择喝酒来让自己放松，我们会经常看到很多白领阶层为了排解工作中的压抑，愿意去酒吧发泄，当然不仅仅是通过喝酒这一渠道。他们去酒吧就是希望能够忘记工作中的烦恼，从而放松自我。

有人喝了酒却很淡定，说话还可以有理有据，但是眼神里充满一种少有的热情。这样的人做事很有分寸，不管什么时候都可以把握自己，尽管有时候喝了酒，也会说一些平时自己不好意思或是不敢说的话，但是还是能够很好地把握分寸，不冒冒失失。这样的人在生活中往往是一个比较稳重的人，他们能够控制自己的情绪，同时能够掌握自己的行为。所以说和这样的人交往，你需要有认真的态度，这样才能够实现你识心的目的。

在酒场上，大多数男人愿意用酒精麻痹自己，尤其是遇到不开心的事情的时候。"一醉解千愁"往往是人们的内心写照，因为醉酒后的胡言乱语、意识模糊是最好的发泄方式，但醉酒后是否口吐真言也是因人而异的，是不是每个人都会酒后吐真言，而吐的又都是真言呢？有的人可能什么都不说，埋头就睡，这种人有正义感，原则性较强，虽然有时会比较传统保守，但对认定的事情，会全力付出。有的人喋喋不休，说的都是不着边际的话，这种人看似对什么事情都不在意，但其实是个心中自有真情在的人，却苦于无人了解，会有些许失落和无奈。有的人可能会触景生情，哭闹一番，这种人情感丰富，热情奔放，以自我为中心，对一件事物常常不能专注太久。有的人会想起许多事情，但无处发泄，而引吭高歌，这种人个性内向温和，别人不能轻易打开他们的心门，只有通过深入地了解才能吐露心声，虽然内心深处会有疯狂的想法，却会拼命压制。

还有的人，会频繁地给别人倒酒，然后自己只喝一点点，为的是能够听听对方真实的想法，也许很多都是对方以前不愿意透露的秘密。而还有一种人却是借着喝酒倾诉内心的苦闷，想痛痛快快地发一回疯，毫无顾忌地放声大笑，痛哭流涕，这一点在我们唐朝时代著名诗仙李白身上尤为明显。当然也正是他酒醉后的狂妄，最终得罪了不该得罪的人，造成了自己仕途上的不顺，而在当代社会这样的人也并不在少数，一旦发现对方喝酒过多后目光与平时不同，脸庞发红，说话也不是那么自然顺畅，这时候千万不要迎合他说出来的任何话，因为这种人已经开始毫无顾忌地肆意宣泄，已经想不到听者到底会作出怎样的反应，心理又会是怎样的感觉。这样的行为就是典型的喝酒误事。所以每当与这样的人一起上酒桌的时候一定要小心小心再小心。通过对方酒后的言语，你可以看到对方的真实内心世界。

还有一种人是，自饮自酌，自得其乐，每次都不多喝，只为了给生活加点作料，这种人不但懂生活，而且很乐观，甚至对酒文化很有研究，他们喝酒往往是为了给自己的生活增加色彩，而不是为了发泄内心的不快。他们会自酌自饮，将喝酒当做是生活中一大乐趣，这样的人往往有着平和的心态。

很多人喝醉不是为了讲出自己的不快，而是为了找到一种发泄自我的方式，所以说在交际的时候要善于分辨对方的语言，从而了解对方的内心。当你发现一个人在酒后比较投入地讲述着自己不快的时候，他的语言可能是颠三倒四的，但是所表达的意思还是可以听明白的，那么这个时候，对方可能是在讲自己的真实想法。所以说要善于分辨对方酒后的语言，最终实现你识心的目的。

慧眼识 法则

在生活中，通过对饮酒的方式，对酒的理解，饮酒的量度，和当时对方的心情来洞察其内心不一样的感受和情绪变化，从而判断出对方是喜悦还是悲伤，或是淡定地享受生活，从而在与其接近中能够游刃有余，最终使我们更好地了解对方，获得自己最需要的有利信息。

圆滑之人的社交表现

在社交中，你会遇到各种各样的人，如果你没有一定的识心能力，你是不会知道对方是真心地对你好还是在敷衍你。在社交的过程中，很多人都学会了戴着假面具来面对每一个人，目的只有一个就是不希望自己被别人看穿，面对他们这样一个十分圆滑的人，不露声色的人，作为一个识心高手，怎么样做才能识别出他们的庐山真面目，从而让他们喜欢和你交往，最终实现自己识心的目的呢？

一个圆滑的人，总是给人一种有能力的感觉，在很多时候这种能力总是让人感觉到对方的不真诚，所以说要想识别一个人是否圆滑，也不是一件难事，但是要学会从社交的多个方面来观察，这样你才能实现自己识心的目的，当你发现对方是一个圆滑的人的时候，你就要有所防范，这样才能让你不被对方的外在表现迷惑。

有些人的圆滑也表现在语言上，他们油嘴滑舌，需要别人的时候会想尽一切办法讨好恭维，以求最终达到自己的目的。而当别人需要帮助的时候，他们却悄悄地溜走了，生怕因为帮了别人而给自己带来什么不必要的麻烦，他们从来不会记得别人曾经给予他们的恩情，相反，自私自利，为了自己的利益不惜牺牲别人的利益，哪怕对方曾经将其视作自己的至亲挚友。这种人是要小心的，能躲就躲。有的人语言往往是违心之言，他们总是会这样想，在表扬对方的时候，自己也能得到好处，为什么不说一些让对方开心的言语呢？要知道人人爱听好话，但是说好听的话也是一种学问，要学会在逢人说好听话的同时，总是处处把坏话留给自己。这样说话的人，往往是一个圆滑的人，他们圆滑往往没有什么坏心思，往往是为了达成自己的某些小目的，这样做能让听者开心的同时，也满足自己社交的目的。

还有一种人，表面上看似油头滑脑，但是自己却从来不会做有失原则的事情，他们的心好比中国古代的古钱币，外表圆滑，但内心却很方正，这种人在历朝历代的官员中是很多见的，比如乾隆年间的纪晓岚就是如此，他虽疾恶如仇，铁齿铜牙，却也可以在官场上做到处世圆滑，且进且退，既保全了自己的性命，又做了很多利国利民的好事，这样的人很聪明，我们可以多向他们学习，从中领悟更多做人做事以及辨识人心的道理。

"我有很强的控制情绪的能力，不论心情好或者坏，高兴还是不高兴，我总是镇定自若，表现出很深沉很幸福的样子。见到我的领导、同事、同行，我总会露出迷人的微笑，笑得很得体，很有分寸。遇到好事，我微笑，不显得大喜过望；遇到坏事，我也微笑，看不出气极败坏的样子，我绝不会让别人看出自己在情绪上有什么弱点。"这样的人往往是圆滑的人，圆滑的人总是小心翼翼地走好每一步，他们害怕自己的言行会影响到自己的发展，所以说会很稳重地行事，但是他们的性格绝非是内向的，他们会喜欢参加一些社交活动，在表现出自己的稳重的同时，又能够结识很多的朋友。所以说，圆滑的人在社交场合往往是十分有魅力的。

圆滑的人表现在社交中是十分尊重别人的，不管自己的社交对象是谁，不管对方值不值得尊重，他都会表现得十分谦卑，不会用自己的言语伤害到任何人。即便是遇到自己的竞争对手，他们也会很谦虚地和对方交往，从而给对方留下十分可信的印象。所以说，一个圆滑的人在社交中总是变得十分的有优势，不管是在对方的行为上还是在言语上，总是能够让对方有一种被尊重的感觉，从而让别人十分愿意与其交往。

同样，圆滑的人往往在很多时候会无意间伤害对方，他们或许不是有心的，但是他们的圆滑往往会伤害对方的感情。比如说圆滑的人，总是会将责任推到其他人的身上，这样无形中是对他人的伤害。在责任面前，不要指望他们会帮到你。刘宇凡作为一个大公司的员工，说道："我在任何时候，都坚守不得罪人的原则，其他则放在次要位置。我们单位有一个人，他看我经常在一些报刊发表作品，还在报社当过文学编辑，就拿一些习作给我看，说是请我指教。我一看作品，前言不搭后语，错字连篇，逻辑混乱，读了三遍不知所云。这种文章就称不上是文章，但我还是显得很兴奋的样子，对他说：'作品写得不错，文笔优美，构思精巧，主题深刻，内容生动，十分感人。'他很高兴，连连对我表示感谢。还称我为老师，为此，我很高兴很幸福。"

从刘宇凡的话中我们可以看出一个圆滑的人，在社交中，总是能够在语言上表现出来，那么通过对方的语言，你要学会分析对方的性格和内心，这样你就能够发现对方是不是一个圆滑的人，从而也就能够决定是不是要相信这样的人。

不管对方是不是一个圆滑的人，不管对方有多么会伪装，辨识人心的高手总是能在细微末节处看穿他们内心真正的意图。要知道在社会里生存不容易，适度的圆滑可以帮助你很好地成就自己、保护自己，最终戴上成功的桂冠。作为一个辨识人心的高手就一定要把握住这些圆滑人的不同特点，明辨其中的是非好坏，切切实实地去贴近对方内心的真实意图，不要被他们的表象伪装所迷惑。如果你真的能够做到这一点，就一定能从对方的言谈话语间悟透他们的真正意图和想法，最终恰到好处地做好自己应该做的事情。

　　当你在社交场上，碰到一个说话十分讲究，不管你说什么对方都能够答应你，不管你怎么表达自我的烦心事，对方都能够找到合适的语言来帮你化解内心的矛盾，那么这样的人可能就是一个处世变通圆滑的人。与这种人相处是幸运的，因为你能够从中学到很多东西，但与这种人相处又是危险的，因为他很容易谋得你的信任，而这种信任很可能将你带进一个早就设计好的圈套。所以，对待这种人我们一定要了解对方在社交中的真实意图，只有这样才能在最快时间内走进对方的内心世界，成为一位名副其实的识人高手。

不同地位的人，不同的心理愿望

　　在生活中，你难免会遇到各种身份，不同地位的人，不管对方的地位是高还是低，你都能够发现对方的一些特点，从对方性格或者是表现出来的特点上，你能够看出对方的不同的愿望。当你发现对方的愿望的时候，对方的真实内心你也就能够发现和挖掘了。

　　不管地位高低，每个人有着自己的心理愿望。你要善于把握对方的

社交知人法
——把握交际识人中的局势变化

愿望，从而实现自己的交际目的，最终让自己在交际中更加容易地认识对方，把握对方的真实内心。

如果你处在职场中，那么你就要分析你的上司的心里愿望了，作为上司心里最大的愿望是注重最终利润的结果，注重效益。怎样能够把自己的公司逐渐经营得壮大起来，而有时往往忽略了员工的感受，他们希望员工为他们创造更多的效益，当然也常常要为养活公司上上下下的一帮人而烦恼。如果说职场中谁最累，也许手头上忙碌的是员工，但是脑袋最累的一定是老板，所以了解了老板的心思，作为下属就要拿出一种发誓与公司共存亡的态度，这会让上司感觉到无比欣慰。而最终，当有了提拔的机会，他一定会先想到以公司为家的最忠诚的那个人。

相反地，作为一个中层管理干部，对上既要谏言谨慎，听从指挥，对下也要严格要求，体恤人心。因此，他最关心的事情往往是怎样能够管理好自己的团队，最终通过努力赢得更高的职位和发展，其间也许他需要充电，需要学习，需要有与高层接触的机会，需要有展示自己能力的舞台，如果这个时候，你能够恰到好处地为他提供机会，那么他一定会对你感激不尽。

一般的职员，他们心里都有自己的小算盘，比如总是抱怨工资太少，总是想早点回家，或者也想经过努力得到公司的重视谋个一官半职，如果这时候你的位置是一个管理人员，就一定要摸清他们心里的想法，该体恤的时候体恤。比如家里确实有事，就允许早点回家，公司有一些培训机会，就留给他们鼓励他们去经历更好的锻炼，这一切的一切都有利于赢得他们对你的信赖，从而有助于你更好地带领团队和进行自己的管理工作。

当然，除了职场以外我们在平时的社交中也应该掌握一些辨识人心的本领。如果是一个年长的人，对方不仅仅有着广博的学识，同时又有着很高的社会地位，但是他在交际中总是表现出很冷淡，那么就要有策略地去接近对方，掌握好与对方交流的策略，尽量避开隐私，从对方最感兴趣的话题入手层层深入，慢慢将其引入你想知道的主题，在这个过程中加深对方对你的信任，这时候你也许就会发现，原来对方是一个感情很丰富的人，只不过不愿意与自己志趣不合的人过分交流，总觉得那是一种浪费时间的表现。如果是这样，你就一定要尽可能地用简练的语言表达自己的看法和请求，不要过于啰唆耗费对方的精力，否则一旦对方开始感觉不耐烦，那么你想要达到的目的就注定会泡汤了。

当你遇到社会地位高的人的时候，你要想了解对方的交际心理，就要给对方一种被尊重的感觉。在态度上尊重别人是十分重要的，当你跟你的前辈在应酬时，首先要从态度上尊重对方。当你的交际对象提出意见时，你要虚心地聆听他的意见和建议，给对方一种满足感，对方自然而然会展露出自己的内心。同时，要想看出对方内心所想，就要从思想和态度上给对方一种被尊重的感觉，从而让对方更加地赏识你、信任你。你不能只是将自己的尊重放在心里，要付诸行动，要让你的领导或者比自己地位高的人，从你的行动上看出你对他的尊重，这样才能让你给对方留下好的印象。在你与社会地位高的人的交际过程中，要善于从自己的行动出发，很多情感是不能通过语言来表达的，要善于付诸行动，这样的表达力更强，这样你才能把握住对方内心的愿望，最终看透对方的内心变化。

如果你想了解的人是一个平凡的普通人，他们没有尊贵的地位，也没有高级知识分子那样言辞准确的表达能力，那么你就一定要学会入乡随俗，以他们沟通的方式去了解其内心真实的想法和愿望，时刻保持尊重对方的态度，不要过于高傲，引起他们内心的自卑感。只有这样你才能真正打开他们的心门，了解到他们内心不为人知的感受和秘密。人们常说平凡出自伟大，再小的人物他们心中的理想也是值得尊重的，也是非常伟大的。如果你能让对方毫无顾忌地向你敞开心扉，你就会发现他们的世界其实也很精彩。

一个善于识心的人，总是能够交到不同社会地位的朋友，在他们的社交圈子中，会有着各种各样的人。原因很简单，就是因为他们能够从对方的愿望出发，从而了解对方的内心。在生活中，不管是有着显赫社会地位的人，还是平凡的人，都有着自己的愿望和理想，通过自己的理想，他们会希望自己能够更加的成功或者是让自己内心思想上得到满足。所以说，要想了解他们的真实内心，就要了解对方的愿望。

慧眼识 心 法则

要想认识一个人的内心世界，就要考虑到这个人的社会地位或者是他周围的环境，只有这样你才能真正地了解对方，全面地了解对方。当然，不管是谁，不管对方有着怎么样的社会地位，都要看到对方的理想和愿望，如果你能够了解到对方的理想，从对方的理想出发，帮助对方实现他们的理想，那么你也就能够更好地认识对方的内心世界，最终实现自己的识心目的。

用心辨别真正的友情

　　在尘世间，心存真诚弥足珍贵。远离虚假，抛弃私欲，保持一份真诚的心态，可以使你的精神变得崇高，灵魂得到升华。真诚，是人生的命脉，只有真诚才能交到朋友。一个人具有真诚、善良、无私、正直、淳朴、怜悯等多种美德，而真诚最为可贵。它撑起人生的支架，使人在诚信、淳朴和友爱中生活。如果把生命比作一座金字塔，那么，真诚就是塔基之石，它承载着生命的全部。人类正是有了真诚的品质，才得以高尚地超脱于其他动物，成为真正意义的人。

　　友情是生活的斑斓画卷，它是你孤独灵魂之外另一个声音的喧闹，它让你不觉得孤单、寂寞，它慰藉着你的灵魂。但是在生活中，友情也是一种无形的东西，要想辨别出友情的真假，也不是一件简单的事情，所以说你要透过表面的东西，辨别友情的真伪，从而认识对方的真实内心。

　　人的生活离不开友情，不管是谁多多少少都会有自己的朋友圈和交际圈。但获得真正的友情并不是那么容易，它需要用真诚去播种和灌溉。只有当你用真诚的心去对待对方的时候，你才会感觉到友情在你身边。没有友情，人生就会空虚和无聊，思想感情就会表现得很脆弱，当

社交知人法
——把握交际识人中的局势变化

你遇到困难的时候你也会变得十分无助，如果有朋友在身边，那么你会感觉到内心的慰藉；同样地，如果有了友情，人就会生活得很充实，意志就会表现得很坚强。如果你希望拥有友情就要学会真诚地对待别人，这样才能够换来别人对你的真诚，才能够实现自己的交际目的和识心目的。

有些人是真正的朋友，而有些人却是你消遣时的玩伴，所以你要分析辨别，这样才能够达到交友成功，要想认清这一点，就要真诚地面对对方。真诚是友情的心桥，友情是生命中闪亮的明灯，没有友情的生活，是失去阳光的生活；没有友情的人生，是残缺的人生。同样不懂得真诚相待的人是没有权利享受友情的温暖的，也无法感受到真正的友情。友情是心与心的水乳交融，而连接它的心桥是真诚。真诚是雪中的炭火，它给人真实的温情；做人必须真诚，只有打开诚实的心灵之门，别人才可以以诚相待；只有真诚地付出，才能得到真诚的回应。

有的人在你困难的时候，会接近你，伸出自己的手，帮助你渡过困难，而在你成功的时候，他们不一定会出现在你的面前，这样的人，往往是你真正需要的朋友，他们不图你的回报，在交往中，真诚地对待你，这样的人往往是你真正的朋友，和这样的人交往你需要付出你的真诚，这样才能够走进对方的内心。

有的人在你遇到困难的时候会消失得无影无踪，而在你成功的时候，他们又会出现在你的面前。这样的人充其量是你的玩伴，你可以在无聊的时候，让他们陪你一起去消遣，但是在自己困难或者是遇到需要处理事情的时候，千万别找他们，因为他们不会让你找到，他们只是用虚假的表情来对待你，对于这样的人，你也只需要以平常心来和他们交往，没有必要表露自己的真实内心。有的人在你犯错的时候，总是第一时间提醒你，即便当时你十分的不开心，但是对方还是会直言不讳地讲出你的缺点，直到你改正为止。这样的人往往是你生活中的"福星"，要知道遇到这样的人是不容易的事情，在交往中，要想遇到这样的人就要真诚地对待他们，真心地为对方考虑。所以说要想和这样的人交心，最起码你应该虚心地面对对方的批评，这样你才有机会走进对方的内心世界。

善于交朋友的人往往能够真诚地对待自己身边的人，对他们来讲真诚是人生中必须具备的。如果一个人不懂得真诚地对待自己的朋友，那么最终他们会失去友情。一个没有朋友的人往往是可悲的人，没有朋友往往会失去很多的快乐，同时当自己遇到困难的时候，也不会有朋友来安慰自己和支持自己，即便自己需要帮助，也没有人会主动地来帮助自己。要想交到知心的朋友就要学会真诚地对待对方，从而达到交际的目的，最终认识到对方的真实内心。

慧眼识 心 法则

一个善于识心的人，总是会想办法来认识对方的性格，同时也会真诚地对待身边的人。他们知道只有自己真诚才能够换来别人的真诚，从而才能够实现识心的目的。在生活中，真诚的人往往能够得到别人的尊重和信任，从而交到知心的朋友。

本章小结

　　在社交的过程中，你会通过社交中的各个方面来发现对方的内心世界，当然这离不开你的观察，要想知道对方的内心世界，就要学会从多个方面来考虑。如果你是一个善于交际的人，你就要把握住对方给你留下的第一印象，从对他的第一印象来认识对方的内心世界。同时，在交往中难免会在一起用餐，要从对方的饭桌礼节上了解对方的品行。还要通过对方握手的姿势和力度上来分辨一个人的内心世界，当你能够处理好这些外在表现因素的时候，你也就能够看到对方部分的真实内心。

　　只是做到这几点还远远不够，还要学会从多个方面来考虑问题。比如说要观察对方酒后的言行，要看到对方社交中的言语和行为，同时还要辨识哪些朋友可交哪些朋友不可交。只有做到这些，才能够让你读懂对方的内心世界，最终识心成功。

阅历观人法
——体察阅历背后的内心世界

　　阅历对一个人来说是十分重要的，不仅仅是因为人们可以从自身的阅历中可以学到很多的东西，增长知识，还因为它是人内心世界的重要组成部分，这也是了解他人的重要途径。阅历是一个人的重要资产，而通过对方的资产来了解对方的内心是一个很值得把握的途径。

了解对方经历才能了解对方内心

　　经历是性格的塑造者，在很多时候一个人的性格是因为他经历的东西和别人的不同。同样地，你的性格往往是内心的外在表现途径之一，所以说要想成功识人，就要学会先了解对方的经历，从对方的经历中把握好对方的内心。这样才不会让你认识出现偏差，同样地，如果你不了解对方的经历或者说是阅历，那么你是无法真正了解对方的内心世界的，即便你认为自己足够地了解他人，但是也是会有偏差的。要想识人成功，就要学会读懂对方的经历。

　　一个善于识心的人，懂得从对方的经历中把握对方的内心。不要认为对方的经历只能代表着过去，要知道经历往往是现在的一种财富。要善于通过对方的经历了解对方的内心从而把握好重点。经历的事情往往是塑造这个人性格的源头，所以经历也是你了解对方内心世界的源头。善于识心的人，总是能够很好地把握对方的经历，最终真正地了解对方的内心。

　　要想了解对方的经历不是一件简单的事情，因为在很多时候，对方不想将自己的经历透露给别人，尤其是自己经历中的一些不好的事情。即便这些事情是促成自己成长或者是成功的关键，但是因为这些事情不够光彩或者说不够阳光，对方不愿意让任何人知道这些事情。那么怎样

174

才能了解到对方的经历，从而帮助你识心成功呢？

　　首先，当然是你要有诚心，这一点十分重要。因为一个有经历的人或者说一个有故事的人，最需要的不是你的夸赞，即便现在的他是多么的成功。对方最需要的是你的诚心，也就是说对方希望你能够以心交心，你要学会在交谈中找个适当的机会，学着暴露一些自己的隐私，当然没有必要过分暴露自己不好的一面，这样做的原因是要给对方一种值得信赖和亲近的感觉，只有这样对方才会没有顾虑地讲出自己的经历。也只有你做到诚心地对待他，你才能实现自己的识心目的。所以说，要想让对方告知你他的经历，从而读懂对方的内心，就要诚心地去了解对方，而不是用言语来敷衍对方。要知道敷衍对方的结果是被对方敷衍，所以在交际中，要学会诚心相待，这样才能换来对方真实的经历，了解到对方真实的内心。

　　再者，就是要学会迂回，在交际中，很多人不希望对方知道自己的经历，所以你只是单纯地从对方的言语中是不会感觉到自己的经历的，只有自己努力地去探究才能够知道对方的经历，最终知道对方的真实想法。探究要讲求方法，不要盲目地去探究。比如说在交际中，你可以从语言的侧面去询问对方的经历，但是不要直截了当地去询问对方的经历，毕竟很多事情都是对方内心的痛楚，对方不希望被提起，比如找一些对方亲近的人，与其打过交道的朋友和合作伙伴，就完全可以掌握对方很多的经历和背景，这对于你掌握对方一贯的做事风格、思维习惯，以及内心之中的一些鲜为人知的细节都有很大的帮助。当你掌握了这一切再与这个人进行接触的时候，就可以轻而易举地与对方拉近距离，也就可以顺利地打开对方的心门，辨识其内心真正的想法。所以在这个时候，你就要学会从对方的内心世界出发，实现自己识心的目的。

阅历观人法
——体察阅历背后的内心世界

最后，在交际的过程中，即便掌握了对方的阅历背景，也尽量装作一无所知，千万不要摆出一副早已将其看透的架势，因为这样会引起对方的紧张和防备情绪，相反，我们应该表现出一种谦卑和好学的态度，让对方自己阐述自己的人生经历，这样一来，你就可以顺利地走进对方的内心，深入地了解对方对于人生的态度，和对于一些事情的看法，最终顺利地使自己成为一名识心高手。

即便你了解了对方的经历，不懂得抓住对方经历的重点，那么你也是无法了解对方的真实内心世界的，那么要怎么样来抓住对方经历的重点呢？

（1）要从对方感情投入多的经历入手

一个人的经历往往是十分丰富的，尤其是一些成功人士。在了解对方经历之后，你或许不知道从对方的经历中能够体现出什么。因为对方丰富的经历让你无从下手，所以说要想了解对方的真实内心世界，就要学会从对方感情投入多的地方着手。比如说当你了解了对方的经历之后，发现对方的某段经历中，让对方投入了大量的情感，这个时候你就要从对方的情感中把握对方的思想和意识，最后你会发现对方的内心世界。

（2）要从对方经历的转折处来了解对方的内心

一个人的经历中往往会遇到挫折，当一个人遇到挫折的时候，情绪往往也会陷入低谷。同样地，当一个人从挫折或者说从逆境中走出来的时候，对方的情感往往是内心的真实表现，这个时候如果你能够抓住对方的经历，那么你会发现对方情感的真实流露，从对方的情感流露中你会发现对方的真实内心世界。

（3）要从对方经历的事件上了解一个人的内心

很多人的思想不同是因为所经历的事情不同，比如说当一个人遇到疾病的时候，他会在朋友和亲人的鼓励下，变得坚强，从而战胜病魔，当对方恢复健康之后，思想往往会变得更加的乐观和坚强，不管以后遇到什么事情，往往都能够变得更加的坚强。所以，从对方遇到的这个事件上就能够了解到对方是一个坚强或者说是乐观的人。

慧眼识 心 法则

人的阅历注定决定人的性格、人的思想、人的判断和面对诸多事情的看法。它就像一本独一无二的长篇小说，只有你耐心地去品读，才能知道里面到底写的是什么，到底作者的内心世界是暗淡还是明朗。辨识人心，其实就是辨识一个人阅历的过程，不同的经历，改变了人的心智，铸就了他们看待事物的思维方式，而他们的内心深处也许真的有那么一种期待，期待别人能够理解、能够明白，而你为什么不去做那个忠实于他的读者呢？

让他人讲出人生的不快

人生总是有着各种各样的悲欢离合，有时候我们微笑着，但是内心却在哭泣着，那种内心的不快，生活的压力，紧紧地锁在了一个不为人知的角落。然而当有人轻轻走过，弯下身来去倾听它、触碰它的时候，

阅历观人法
——体察阅历背后的内心世界

种种曾经的伤痛似乎一一重现，或者说是得到了一种彻底的释放和解脱。而这个时候，没有人会在其间多加掩饰，就这样，他们的内心被那些辨识人心的高手牢牢掌握在手中了。

　　善于交流之人，必定是善于洞悉他人内心的人。通过语言了解别人内心，就能够让你对他人给予最真诚的安慰和鼓励。要想洞悉别人内心，就要明白对方内心中的不快，从而学会安慰对方，最终实现你识心的目的。很多时候，学会通过语言来洞悉别人比赞美更加实用，不要让自己在交流中因为不懂得用心洞悉，而失去了解别人的机会，要善于利用他人的言语来了解别人真实的内心，要知道在很多时候，别人的内心世界中有很多伤心的事情，而这些伤心的事情都希望得到别人的安慰，当你认真地聆听对方伤心的事情的时候，那么你也就能够让对方更加地信赖你，从而实现自己的识心目的。

　　当一个人真正伤心流泪的时候，也许他不需要过多的宽慰，因为在他们眼中那些宽慰的话往往是违心的。他们也不奢求期间会出现什么奇迹，因为上帝很忙，往往顾及不到所有人的心情。但是，他们却渴望有这么一个人，能够伸出自己的耳朵，保持着淡定安详的神态，静静地倾听他们心中的苦闷、烦恼、忧愁，尽管有时候自己也不知道自己说了什么，但内心却有了一种彻底解放的感觉。如果这个时候恰巧你是一个辨识人心的高手，猜出了对方的心思，那么你就能很容易获得对方的信任和好感，赢得他们的尊重。

　　通过对方的不快来了解对方的真实内心，需要你有很强的安抚对方内心的能力，这一点在识心的过程中是十分重要的。在很多时候，对方因为内心的不愉快，会很直接地讲出来，并且将你作为自己的倾听对象，希望从你的口中得到安慰，从而达到自己内心的平衡。但是这个时候如果你不会安慰别人，那么会给对方一种不可信赖的感觉，最终对方不会再向你吐露自己的心声。所以说，你要学会安慰他人，通过自己的言语来安慰对方的内心，给对方一种可以信赖的感觉，从而实现你的交际目的和识心目的。

通过语言来了解对方的真实内心，就要注意到对方的情绪，在很多时候，对方的情绪往往会影响到对方的内心表达。比如，当对方在十分气愤的情况下说出很生气的言语的时候，你要知道这个时候对方的言语往往是内心的真实写照，因为在对方平时不想说出的话或者是不想让别人知道的想法，因为自己的一时气愤会毫无保留地说出来，最终他们会很直接地表达出自己内心的真实想法，这个时候你要善于聆听，从对方气氛的语言中获得对自己有价值的信息，从而实现自己的识心目的。

那么当对方不高兴的时候，你要怎么做才能得到对方的信任，最终达到识心的目的呢？

要想识心成功，就要学会调节谈话时的气氛，找个机会带对方去逛逛街，喝杯咖啡，让其心情冷静下来，然后静静地去与他共同探讨这件事情，当然避免不了倾听，但是也可以旁敲侧击地表达一些自己对这件事的看法，并帮助其真诚地作出一些自己的建议，那么这样对方一定会感激不尽，甚至还会毫无保留地对你诉说更多很重要的信息，只不过一个小小的行为，却获得了如此大的收益，真的可以说是一举两得了。

在识心的过程中，只要存在沟通，就会存在语言，这个时候你要善于利用言语沟通的魄力，让自己在沟通中实现自己识心的目的。当然，当一个人讲出自己不愉快的事情的时候，你或许会感觉到烦躁，但是要

阅历观人法
——体察阅历背后的内心世界

想实现自己的交际目的，就要学会认真地听取对方的不快，然后真心地劝慰对方，最终实现自己识心的目的。

慧眼识 法则

　　每个人都有自己的不快乐，这个世界上没有一个人会永远地保持快乐的心情，所以有时不妨在他们郁闷的时候伸出一双友好的双手，去体会他们心中的不快，体会他们心中的痛苦，此时你就会发现对方的心灵中总是会有着那么一种期盼，这种期盼不是被宽慰，而是被理解，而当你真真正正意识到了这种渴望，又能够给予其及时的反馈的时候，他们一定会向你展现自己最真实的一面，让你认识他的脆弱，同时也认识他的这颗渴望知己的心。

困境中看人才真实

　　人的一生会遇到很多的坎坷，不是所有的人都能够顺利地走过。因此，不要因为生活的坎坷而心情不好，当你处在困境中的时候，要真实地面对自己。当然要知道挫折不一定只有不好的方面，在很多时候，它也有好的方面，在困境中，你可以真正地了解一个人的内心世界，看到对方所谓的"友谊"是不是经得住时间的考验。在逆境中，你可以了解一个人的真实内心，达到识心的目的。

当处在逆境中的时候，是一个人最需要朋友帮助的时候，此时你会发现谁才是你真正的朋友，哪个朋友才是你的"贵人"。同时，你也能了解对方的内心世界，当对方知道你在遇到困难的时候，有的人会主动地来帮助你，有的人会远离你，有的人帮助你但是会有自己的条件，有的人甘愿损失自己的利益来帮助你，都有着自己的思想意识，所以说你要善于利用这个时候来认清对方的真实内心，从而达到识心的目的。

当你处在逆境中的时候，你以往的朋友中肯定有主动帮助你的人，这样的朋友也多半是你的知心朋友。他们往往会因为你的困境而烦恼，总是在想尽办法来帮助你走出逆境，他们不求回报，只求你能够尽快地走出逆境，所以这样的人会主动地靠近你，从而用自己的资源或者是力量来帮助你实现成功。从对方的举动上可以看出，对方是真心地为你考虑，这样的人多半是重感情的人，他们将感情看得比什么都重要，在他们的心目中，友情是十分重要的，同时他们也是十分真诚的，他们会真诚地对待自己的每个朋友，热心地对待每一个人，但是在他们内心对朋友也是有要求的，这样的人往往会希望自己的朋友真诚地对待自己。如果在他们真诚地对待你的时候，你不能够真诚地对待对方，他们会不再信任你，即便以后你发现他们是可信之人，他们也不会再过于信赖你。所以说，他们重视感情，同时又对朋友要求得比较高。当他们主动地帮助你的时候，你要铭记在心，记得感恩，这样一来，他们会感觉到朋友的真诚，从而更加地信赖你，对你会敞开心扉，你最终会实现识心的目的。

当你处在困境中的时候，你会发现这样的人，他们总是对你表达自己的同情，会为你出一些主意，但是不会主动地帮助你，如果你向他们求助，他们也会帮助你，但是不会十分的乐意。如果涉及他们自身的利益的时候，他们就宁愿放弃帮助你，所以说这样的人帮助你是有前提的，那就是绝不会因为你而损害自己的利益，所以说对于这样的人，你要学会正确的认识和交际，不要过于信赖对方。但是你要明白对方只要是不损害自己的利益就会帮助你，所以你可以适时地向对方求助，从而让对方帮助你实现自己的转折，但是千万不要因为自己的事情而损害到他们的利益，因为这样他们是不会愿意和你交际的。要想认识这样的人的真实内心世界，就要学会从对方的思想和利益出发，从而在对方帮助你的同时，了解到对方的真实内心世界。

当你陷入困境的时候，势必也会出现这样的人，他们在平常总是和你称兄道弟，但是一旦你陷入困境，他们就会和你划清界限，生怕你求他帮助，这样的人，往往只能和你分享快乐，不会愿意为你分担挫折，所以说在你面对这样的人的时候不要因为这种人生气或者是感到伤心。这样的人往往是自私的人，他们不希望因为别人而损伤自己，更不希望自己的利益被别人共享。同时，他们是心胸狭窄的人，在他们的心中只有自己，永远不会为别人考虑，即便你对他再好，他们也不会真心地对待你，因为在他们的心目中只有自己。当你处在困境中的时候，不要求助于这样的人，因为求助于他们也是在浪费你的时间，他们不会真心地帮助你。因此对待这样的人，最好的办法就是和他们成为表面的朋友，不要将自己所有的事情都告诉他们，即便你告诉他们，他们也不会真心地对待你。所以说在生活中，当你处在困境中的时候，要善于认识对方的内心世界，最终实现自己识心的目的。

当你陷入困境的时候，难免会遇到希望帮助你的人，但是对方希望帮助你不一定就能够帮助到你，所以在这个时候你就要学会从对方的角度出发。在很多时候，一个希望帮助你的人，不管自己是不是有能力帮助到你，总会很积极地为你想办法，帮你摆脱困境，所以说这样的人都是可交之人。通过自己的困难时期来认清对方的内心世界，是非常重要的机会，当对方希望帮助你的时候证明对方是真心地关心你，起码是真诚的，所以你也要真诚地对待对方，从而才能够实现识心的目的。

一个善于识心的人，总是不会放弃任何有可能了解对方内心的机会。当他们处在逆境中的时候，他们会认真地观察自己周围的人的反应，从而把握对方的真实内心，最终发现到底哪个人才是可交之人，当你发现一个真心希望帮助你的人的时候，你要知道对方的内心世界，这样你才能真正地了解对方，最终实现自己识心的目的。由此可见，困境中是最能够了解对方的内心世界的。

慧眼识 心 法则

在你走山路的时候，难免会摔倒，而离你最近的人不一定是最先扶你起来的人，只有在这个时候你才能体味到谁才是你真正的朋友，谁才会真正地为你考虑。不要将逆境看做是百分之百的灾难，最起码通过困境你才能看到他人真实的内心。困难的时候，才能显出他人是否真心，所以说困难是阅人的最佳时机，也是识心的绝好良机。

阅历观人法
——体察阅历背后的内心世界

感恩是有涵养的表现

"滴水之恩，当以涌泉相报"这句话永远不会过时，因为这是做人的基本品格要求。一个懂得感恩的人，表明他学会了做人，同时也是一个有涵养的人的表现。一个有涵养的人，总是会记住别人对自己的好，从而不失时机地报答对方。如果一个人在受人恩惠之后不懂得报恩，那么这个人不能称之为完全意义上的"人"。

英国有句谚语，"忘恩比之说谎、虚荣、饶舌、酗酒或其他存在于脆弱的人心中的恶德还要厉害"。所以要做到有恩记报，有恩必报。记住，感恩是你的事情，是否图报是别人的事情。感恩之心能够帮助一个人成就不凡的事业，同时，感恩之情也可以让一个人拥有好的时机，从而跨过泥潭。同样，如果一个人懂得感恩，那么也就是有涵养的表现。

恩情是一种特殊的感情，它不仅包含着慈悲与礼遇，更是一种包容与感激。懂得感恩的人，在言语上时刻会考虑到他人的情绪和思想，不会让自己的言语影响到他人的好心情，所以说懂得感恩的人往往有着缜密的思维和语言组织能力，他们会通过自己善意的语言来让他人快乐。同样地，懂得感恩的人在行为上，往往能够十分注意，他们会注意自己的一举一动，生怕自己的举动会影响到别人。同样，他们会用自己的行为来带动他人，他们的行为具有一种自然的号召力，会号召他人完成自己的基本行为。懂得感恩的人，往往都有很强的公德心，在社会的每个角落，他们都希望留下美好和阳光，所以他们会用自己的行为和举动来感染每个人。

感恩是一种良好的心态，又是一种奉献精神，更是有涵养的表现。感恩的人在生活中会有一种外在的慈善，他们会同情和自己有相似或者是相同遭遇的人。同样，对和自己完全不相关的事情，需要他们帮助的时候，他们也会很大方地伸出自己的双手，这样的人懂得感恩，也懂得施恩。

李雅丽大学毕业之后进入同一家大公司就职，开始老板对这个其貌不扬的员工并不在意。可是通过老板的了解和观察，发现李雅丽总是对别人对她的帮助铭记于心，总是像是报恩一样去关心帮助别人，所以渐渐地很喜欢这个员工。

李雅丽在一次工作中，遇到了一个很容易解决的问题，但是因为李雅丽一时疏忽，却让公司的管理陷入被动中，她以为这下自己肯定难逃处分，可没想到老板并没有怪罪她还给了她很多鼓励，给她讲了自己年轻时候遇到的很多经历，这让李雅丽十分感动。之后的日子里，李雅丽一直努力工作，直到有一天，公司出现了经济困难，所有员工都为保全自己而悄悄离开，只有李雅丽留了下来，并拼尽自己全部的能力帮助老板扭亏为盈，这让老板很意外，然而她却对老板说："从小，母亲就跟我说，滴水之恩，当涌泉相报。"

通过这个例子，可以看出李雅丽通过自己感恩的心态让老板认可了自己的工作和人品。同样，也是自己感恩的心态得到了老板的谅解和鼓励，对很多人来说并不是一件容易的事情，李雅丽正是通过感恩的心来工作的，这种心态能够看出李雅丽是一个有涵养的人。

对于个人来说，感恩能够使一个人的人生变得富裕，感恩是一种深刻的感受，能够增强个人的魅力，开启神奇的力量之门，发掘出无穷的潜能。感恩是一种习惯和态度，尝试着超越自己，努力做一些分外的事情，不仅仅是为了感恩老板，而是为了自身的不断进步。机遇没有光临时，你在为机会的到来而准备，你的能力已经得到了扩展和加强，已经为未来某一个时间创造出了另一个机遇。感恩是自身的一种魅力，也是有涵养的一种表现。

"恩欲报，怨欲忘；报怨短，报恩长"这句话足以表明在职场上要懂得感恩，人的一生既短暂也漫长，时刻要学会感恩，所以不管一个人处于怎样的境地，都要明白报恩，恩情是最大的情债，不能不报，即便是处于逆境中。当你处于工作逆境中时，不要总是抱怨上天的不公，抱怨老板的不仁，抱怨同事的狡诈。要看到别人对自己的帮助，换个角度或许你会发现，这些都是你要感激的对象。要表现出自己的涵养，才能够让对方真正地信赖你，从而才能够实现识心的目的。

在逆境中，你应该感激上天对你这么的慈爱，提供了这么好的人生历练的机遇给你，即便是一次不好的经历，你也应该明白"上天在关闭一扇门的时候会给你打开一扇窗"，这样看来上天对你是公平的。在交际中，你会发现有的人总是在做一个旁观者，不管自己的身边发生什么事情，他们都是在做旁观者，他们冷淡地对待所有的事情，直到事情发生在自己身上才会觉悟。所以在交际中，要学会通过别人的冷漠了解对方的内心，你会发现什么样的人不懂得感恩。

当你因为客观原因，受到老板指责时，不要抱怨老板的不仁，要学会换位思考，想一想如果自己是老板能不能做到这么大度地放过员工的失误。从而你会发现，你应该感激老板对自己的责骂，让自己明白了自己在工作中的缺点与不足。在以后的工作中，自己才会改掉这些弊病，从而赢得更好的机遇，走出逆境。

当你受到同事的"暗算"时，不要抱怨同事的"狠毒"，不要抱怨同事的不义，要感谢同事让自己明白，职场如战场，要想赢得战争，就必须有很好的准备和谋略，未来的路需要你的谋略。不是每个人都有机遇去迎来挑战的，要知道这种"暗算"就是一种挑战，通过和别人的交流，要学会看出对方是否拥有一颗感恩的心，和懂得感恩的人交往，你会感受到他的内涵和涵养。

因此，要学会感恩，同时要学会通过感恩来了解他人的内心世界，只有这样你才会受益匪浅，才不会因为一时的逆境而不能翻身。恩情之大重于天，将它视为鸿毛之人必然得不到别人的礼遇，相反，将恩情看做泰山，回报于人，这样才能在逆境中得到转折时机，才能在顺境中拥有那稀缺的"东风"。懂得感恩的人，往往能够让自己变得更加的有内涵，同时实现自己识心的目的。

慧眼识 法则

泰戈尔说过，"蜜蜂从花中啜蜜，离开时营营地道谢。浮夸的蝴蝶却相信花是应该向它道谢的"。如果不想做浮夸的蝴蝶，那么就学会感恩吧，感恩是这个世界上最伟大的钥匙，也是机遇的第七个向导。

独具慧眼，看穿对方的华丽表象

在生活中，你或许看不出对方的真实生活情况，这个时候你就要学会从对方所表现出的一些情况或者是动作来认识对方的内心世界，最终实现自己的交际目的。

要想看穿对方的内心世界，就要善于观察，观察对方的生活，要知道不同的生活情况和生活境地都会影响到对方的性格和内心世界。当你观察了对方所表现出来的生活的时候，你会发现对方的生活是如此的华丽，这里讲的华丽不一定是物质上的华丽和满足，也可能是精神上的丰富。所以说，要了解一个人的内心世界，就要学会从对方的表现来了解对方的真实内心。

（1）物质上的华丽

首先，从穿着上讲，真正富有的人不会穿得过于显眼，他们穿的往往显得十分的普通，但是价格绝对是很昂贵的，只是这些牌子你很少看到而已，所以这个时候，如果你认识对方所穿的衣服的牌子，那么你也就能够看出对方的真实生活。所以说，要想认识对方的真实生活或者是内心，就要注意观察，从对方的穿着上来看清对方的生活品质。

其次，一个生活上讲究的人，是不会浪费时间在看电视上的，尤其是看一些电视连续剧，他们宁可选择去户外运动，也不会在家里看电视，他们往往会喜欢打高尔夫或者是保龄球。他们喜欢抽时间去户外运动，但是运动的过程中又喜欢清静，不希望被工作打扰。所以说，从对方的兴趣上来看对方的真实生活是一种认识对方的途径。在很多时候，物质上的充足，才能够满足自己去参加这些奢华的运动。

最后，一个生活上注重品质的人，总是喜欢将自己的办公室或者是家装点得十分的完美，他们的家居不一定是多么华丽的，但是绝对是精致的。在他们的思想上是不允许有丝毫缺陷存在的。当他们在自己生活的环境中感受到或者是发现缺陷的时候，他们会迫不及待地去解决，去想尽办法达到完美，在他们的生活环境中，精致和完美是必不可少的。所以从他们选择的家居环境和工作环境上你也能够了解到对方的真实生活，这样才能真正地了解对方的内心。

(2) 精神上的华丽

精神上的华丽往往会体现在他们的性格上，这样的人往往会显得很清高，他们不会在意别人是如何看待自己的，关键是自己怎么来看待自己，当别人否认自己的时候，只要他们感觉到自己所做的是正确的，他们会一样坚持自己的想法和思维。他们华丽的思想往往让他们具备一种很独特的魅力，人们在与之交往的时候往往会被对方吸引。

一个精神上富足的人往往有着特殊的兴趣爱好，他们喜欢油画、钢琴，喜欢听高雅的音乐会，喜欢参加一些艺术性很强的派队。在他们的生活中是充满着五颜六色的，同时也是十分精彩的。他们会为了自己的愿望或者是目标而生活，即便自己的目标是很渺小的，但是在他们的心目中却是十分重要的，也是十分精彩的。他们的生活中不缺少精彩也不缺少涵养。在外人看来他们是孤独的，但是在他们自己看来却是开心的。

一个精神上有追求的人，需要书籍来补充自己的大脑，在他们的生活中阅读是必不可少的。不管自己的工作有多忙，他们也会抽时间来看书、来学习，如果他们在很长的时间内没有阅读一些书籍，那么他们会感觉到自己的退步，所以在生活中，他们喜欢阅读，喜欢新鲜的事物，希望从生活中汲取营养，让自己变得更加的有远见和有涵养。在他们的生活中，书籍和知识是必不可少的，所以，他们总会有很强的求知欲和上进心。他们总是积极地去学习，这样的人总是充满着激情和活力。

　　一个精神上富有的人，往往有着充沛的感情，他们往往是感性地去做事情，对待别人也是感性的。他们重视感情，同时也是十分浪漫的。在他们的思想上，有着很浓的浪漫因子，所以说他们对待自己喜欢的人，总是会给对方一些惊喜，会给对方一种浪漫的感觉。在他们的思想中，浪漫是生活中必不可少的，他们会追求浪漫所以会主动地去认识新鲜的事物，希望从新鲜的事物上看到浪漫的元素。

　　一个善于识心的人，总是能够观察到对方的华丽所在。不管是精神上的还是物质上的华丽，都是需要我们去认真观察的，如果你能够观察到对方生活中的精彩，那么你也就能够很好地了解对方的内心世界，认识对方的品格。一个物质上华丽的人往往很容易看出来，因为对方的穿着和家居往往会很轻易地表现出来。一个精神上华丽的人往往有着浪漫的情怀，这个时候你就要学会认真地观察对方的性格，这样就能够更好地了解对方的内心。

慧眼识 心 法则

　　不管是物质上的华丽还是精神上的华丽，都离不开你的认真观察，当然观察对方也是有侧重和重点的，这样才能够让你实现自己识心的目的。在同等基础上，精神的华丽更值得别人敬仰，所以这个时候你就要认真地观察，从而更好地实现自己识心的目的。

虚伪的人喜欢炫耀朋友的精彩

当你在交际的时候，会经常遇到这样的人，他们总是喜欢说"我的一个朋友是做什么什么的，身价多少多少"，或者说"我的一个朋友在国外呢，是做什么什么的"。这样的人总是习惯将自己的朋友挂在嘴边，你不知道他们为什么要总是提起自己的那些很了不起的朋友，也不明白对方提起自己朋友的真正的目的，但是可以知道一点的就是他们内心有一种潜在的虚伪心理。

一个虚伪的人会希望通过自己的朋友来让自己变得了不起，这样的人往往是自己没有多大的本领，但是在他们的口中，自己会有很多了不起的朋友，自己的朋友会让自己变得更加的了不起。这样的人总是希望通过炫耀自己的朋友，而得到别人的尊重或者是高看，殊不知这样会贬低自己的价值，最终是不会得到别人的尊重的，往往还会给对方一种很虚伪的感觉。

首先，喜欢炫耀自己朋友的人，往往有着一种潜在的虚伪心理，这种虚伪可能是对方都不知道的，在人际交往中，尤其是当这样的人遇到

191

比自己强的交际对象的时候，会不时地从自己的脑海中搜索出自己的朋友，从而炫耀自己朋友的成就或者是辉煌，希望通过朋友的精彩来让自己变得一样的精彩。这样的人往往是希望能够得到别人的尊重，但是在很多时候，不但得不到别人的尊重，反而会让别人贬低自己，当对方总是在炫耀朋友是多么富有的时候，可能对方是一个物质生活很匮乏的人；当对方不停地炫耀自己的朋友是多么的有权势的时候，他可能是缺少权势，希望自己拥有很高的地位，通过分析对方炫耀朋友的内容，从而分析对方的内心，最终实现你识心的目的。

其次，当你发现一个人总是在别人面前炫耀自己的朋友是多么的坚强的时候，要知道这样的人往往是一个自卑的人，他们不希望自己被别人瞧不起，如果自己不炫耀自己的朋友，那么会感觉到别人是在看不起自己。所以他们会自卑地认为，只有表现出朋友的了不起，对方才会真正地佩服自己，佩服自己能够拥有这样的朋友，所以说在交际中，他们会说自己的朋友是很了不起的，自己能够拥有这样的朋友也是十分欣慰的。这都是对方自卑，不够自信的表现，所以说在很多时候，他们会拿自己的朋友来炫耀，如果找不到可以炫耀的对象，他们会选择欺骗，欺骗别人，从而编造一个了不起的朋友出来，给对方一种自己很了不起的感觉。所以说，要认清这样的人的真实内心，就离不开交流。

最后，总是炫耀自己的朋友成就的人，往往是自己没有可以炫耀的地方，也就是说自己没有什么成就，不管是在事业上还是在生活上，他都找不到自己可以炫耀的地方，才会选择炫耀自己的朋友。所以说你要想认识对方的内心世界，通过对方炫耀的内容，就能够认识到对方的心态，从而把握好对方的真实内心世界。

当然，炫耀朋友的成就不一定都是虚伪的，因为在很多时候，你有必要炫耀自己朋友的成就，这样的场合也是有的。

例如，当你发现对方是一个不容易接近，或者是一个比较少言寡语的人的时候，如果你们有共同的朋友，你可以在这种情况下，炫耀一下这个共同的朋友的优点，这样很容易引起对方的好奇心，同时也能够打开交际的大门，最终对方也会通过朋友的优点来和你交际，你也能够认识到对方的真实想法。

再者，当你发现对方是十分高傲的时候，你要想接近这样的人，就要学会适时地突出一下朋友的地位，这样一来，你或许会发现对方瞬间喜欢和你交往，同时也放下了自己的傲气，通过对方态度的转变，或许你会认识到对方的内心和为人，最终实现认识对方内心的目的也将不是一件难事。

最后，当你发现对方是一个比较清高的人的时候，你千万不要在他面前炫耀自己朋友的伟大或者是有多么耀眼的光芒，要知道对方是看不起这些东西的，他们不会因为你的炫耀而喜欢和你交流，恰恰相反，对方会因为你的炫耀而远离你，这个时候，你想要走近对方也将是一件难事，更何况了解对方的内心。

慧眼识 心 法则

朋友的光彩不是你的精彩，更不是你用来炫耀自我的资本。很多人正是因为自己的平庸才会选择喋喋不休地讲述朋友的精彩，最重要的是，他们希望用朋友的光彩来照亮自己虚伪的内心。但是，他们的虚伪绝没有任何恶意，他们提起自己的朋友，无非是希望得到别人的尊重和高看，所以说要想了解一个人的真实内心，就要学会从对方的言语出发，看穿对方虚伪的内心，认识对方的真实内心。

稳重需要阅历来沉淀

一个比较沉稳的人，往往有着很丰富的经历，他们能够从自己的经历中总结出经验和教训，从而让自己变得更加的睿智，要知道稳重的性格都是阅历锤炼的，稳重本身就是一种魅力，而这种魅力的根源是经受的阅历。经历往往可以锤炼一个人的性格，通过对方的性格也可以反映出他的阅历。

一个有阅历的人往往是一个稳重的人，稳重不是天生的，因为这种稳重的性格往往是在经历很多事情之后才形成的。一段经历往往会给一个人留下一点东西，而这些东西不仅仅是物质方面的，还可能是精神层面的，它会让一个人认识到自身的缺点，从而通过自身的修炼，克服自己的缺点，在克服缺点的过程中，往往会形成稳重的性格。

在很多时候，稳重的人往往会得到别人的信任，不管是在生活中还是在交际中，稳重往往会表现得比较可信。稳重的人往往在言语上不会过多地表述自己的思想，这样一来你要想实现自己识心的目的，就要下更大的工夫。

稳重的人往往是一个思维比较缜密的人，做事情比较认真，在很多时候，他们都是追求完美的人，所以说他们希望自己的朋友也是一个比较认真的人，不喜欢和不够认真的人交往。做事情他们往往追求完美，将事情做得更好。不管是什么原因，他们都会将事情做得最好，不然他们内心也会变得不安。这是因为他们的经历不同，在他们的经历中，会让自己时刻提醒自己要沉稳做事，不要总是不认真地面对一切。所以说，一个稳重的人往往利用他们的经历，让自己变得更加的有魅力。

稳重的人往往有着自身的特点，在他们的思想中，自己的经历往往是成就自我的关键，所以在很多时候他们不想讲出自己的经历，如果你想要认识他们的内心，就必须要学会让他们讲出自己的经历，从他们的阅历来了解他们的内心世界，一个善于识心的人是不会放过这一点的，总是能够从对方的经历中学会认识对方的内心。

当你发现一个人在面对突发事件的时候，能够镇定地处理事情，那么这样的人往往是一个稳重、理智的人，对方会通过自己稳重不急躁的性格来应对万变，而这种应对万变的理智思想，是因为对方经历了很多、积累了很多。那么这个时候你如果了解了对方的经历或者说对方的阅历，那么你也就能够实现自己识心的目的，和这样的人交往，你要时刻关注对方应对突发事件的方式，从中你必然能够看到对方真实的意图。

一个稳重的人，往往会从行动上体现出来。和这样的人交往，要学会观察对方稳健的行为，从对方行为上深究对方的阅历，实现识心的目的。

生活是一种心态，稳重也是一种心态，很多时候稳重的人都会有宽容的心态，对待自己身边的事或者是人的时候，总是能够宽容对方的过错，在交际中，你会发现对方不管是面对什么事情，都会用一种平和的心态，通过对方平和的心态，你会认识到对方的内心世界，最终实现你识心的目的。

稳重的人往往会带出一种吸引人的气质，通过这种气质，你会慢慢地被对方吸引，而这种气质的源头就是对方经历的事情以及对方的阅历，阅历往往能够帮助一个人认识到世界的多个方面。因此要想认识到对方的内心世界，就要善于从对方的阅历出发，看到对方的性格，最终达到了解对方的目的，参透对方的内心。

慧眼识 心 法则

稳重往往具有一种吸引力，在交际的过程中，稳重的人会彰显出一种魅力，别人总是能够通过稳重的性格来信任你，如果你在交际的过程中遇到稳重的人，那么你就要学会从对方的阅历出发，去考虑问题，这样一来才能够实现自己的识心目的。一个稳重的人往往是一个阅历丰富的人，对于这样的人你要善于交流，除了能够更加地了解对方的内心以外，你也许还会有很多意外的收获。

为自己加油是乐观的体现

在生活中，你会经常看到喜欢为自己加油的人，这样的人往往是乐观的人。同样，在生活中很多人总习惯于为别人喝彩，羡慕别人点点滴滴的完美，而对自己一些突出的优点却视而不见，不以为意。当你遇到为自己加油的人的时候，要知道这样的人分两种，一种是自信的人，而另外一种就是自卑的人。自信的人希望通过自己为自己的加油声而变得更加充满动力，而自卑的人，觉得只有自己为自己加油才能达到心理上的平衡。所以在生活中要善于分析对方的内心世界，真正地认识对方的内心世界，从而了解对方。

　　山有山的巍峨，水有水的宽阔，月有月的圆缺。每个人都有自己的"闪光点"，不要总低着头看自己，却抬头仰视别人的光彩，因而失去了展现自己的舞台，失去了本应属于自己的鲜花与掌声，失去了为自己喝彩的机会。要学会相信自己，不要总将自己束缚在他人的影子里。所以说，当你发现一个人因为自卑而为自己喝彩或者是加油的时候，你要明白对方的真实内心，对方希望得到别人的喝彩，从而增加自己的动力，所以说在交际中，要学会分析对方为自己喝彩的原因，只有这样你才能够实现自己识心的目的。

　　要想知道一个人为自己加油的原因，就要学会分析对方是否自信，当你发现一个人总是面带微笑，不管做什么事情或者是说什么话，都很有底气的时候，你就要知道这样的人往往是自信的人。他们做事雷厉风行，不喜欢犹豫不决，不管是在生活中还是在工作中，他们能够做到的事情往往会很直接地答应对方，而对于对方不知道或者是自己不了解的事情，会很直接地告诉对方自己的观点，不会说出模棱两可的话，所以说当你发现对方的这些表现的时候，就要看出对方自信的一面，这个时候对方为自己加油往往是自信的表现。

　　同样，你也会发现这样的人，他们做事情犹犹豫豫，说话没有底气，即便是对于自己知道的事情，他们也不会轻而易举地答应对方，不管是做事还是说话都喜欢给自己留有余地，这样的人做事总是犹犹豫豫，没有果断的魅力。当这样的人做一些事情而习惯为自己加油的时候，对方可能是因为自己的缺乏自信，只有通过自己给自己鼓劲，才能坚持做完一件事情。所以说这个时候对方为自己加油往往是因为自卑，但是对方的这种为自己加油的形式也是一种乐观的表现，因为起码他还知道笑着为自己喝彩。

一个乐观的人，不管做什么事情都会相信自己，即便是自己遇到了困难，走入逆境中，也会毫不犹豫地将自己的微笑展现在自己的脸颊上。即便自己的内心是否感觉到开心，但是也会乐观地为自己加油。所以说，一个善于为自己加油和喝彩的人，他的生活中总是充满动力，对于这样的人生，在他们的周围我们一样能够感受到动力，所以说要善于和这样的人交往，从无形中你也会变得乐观，从而也能够更加了解对方的内心世界。

人的一生不会永远一帆风顺，总有跌倒、摔跤的时候，当处于人生的低潮时，谁来鼓励支持你，为你打气呢？每个人都希望得到他人的鼓励和帮助，但千万别乞求甚至依赖别人来为你鼓劲。别人在自己的角色面前只是一个配角，可以给我们建议和意见，真正的主角是自己，自己的一切都在自己的掌控之中。所以说，当你陷入困境中的时候，就要学会为自己加油，要知道别人不会时刻关注你的心情变化，每个人都有每个人的生活，这个时候你就要善于为自己加油和打气。同样地，当一个人陷入困境之后，他们得不到别人的帮助或者是鼓励的时候，会选择自己给自己加油，这个时候你就要学会从对方的内心世界出发，给对方更多的鼓励，从而才能够得到对方的信任，最终实现自己的交际成功和识心目的。

　　当一个人陷入困境中或者是决定做好某件事情的时候，要通过怎样的方式为自己加油呢？这一点往往是你看出对方内心世界的途径。有的人会选择去吃自己爱吃的平时却不舍得吃的东西，比如说有的人因为自己收入的原因，平时舍不得吃一些美食，可是当对方下定决心做某件事情的时候，就会将自己要做好某件事情作为理由，将品尝美食当做是一种为自己加油的方式，所以说在这个时候，就要分析对方的心理变化，从而更好地认识对方。在生活中，你也会经常看到这样的人，他们总是在不开心的时候或者是心情低落的时候，选择去理发，在理完发之后，他们的心情会变得截然不同。这个时候你也要明白对方是在选择消费来为自己打气。要知道这些都是一个人为自己加油的表现，也是一个人乐观的表现。

　　而一个悲观的人，在陷入困境或者是走入逆境的时候，会选择低沉下去，他们的心情会陷入低谷，自我堕落。连给自己加油的勇气都没有，这样的人是不会给自己加油的。

慧眼识 心 法则

　　当你发现某个人在做事情之前总是会给自己打气，或者是当你发现一个人陷入逆境的时候喜欢为自己加油，那么说明这个人是一个乐观的人。因为不管是陷入逆境还是处在顺境中，为自己加油就是一种乐观的表现，一个悲观的人是没有勇气为自己加油的，所以说要从这一点来认识对方的真实内心世界，最终了解对方的真实内心。

阅历观人法——体察阅历背后的内心世界

本章小结

　　一个人的阅历十分重要，在很多时候，别人不希望将自己的阅历表现给别人，更不希望别人知道自己的阅历，尤其是自己一些不太顺利的经历，但是你要学会从对方的角度出发，想办法让别人自己说出自己的经历，只有这样才能够让你通过对方的经历来了解对方的内心世界，从而达到识心的目的。

　　那么要想了解一个人的经历或者说是阅历，要做到哪些方面呢？首先，要学会聆听对方的不愉快，给对方一种可以信赖的感觉。同时要学会从困境中来看懂对方的真实内心世界。再者，一个懂得感恩的人，也一定是一个有涵养的人。最后，虚伪的人喜欢炫耀朋友的精彩，那是因为他想通过朋友的精彩来使自己显得更加的优越。因此，不妨，从这些方面来了解一个人的经历和自身的阅历，从而帮助你实现识心的目的。

习惯辨人法
——习惯暴露内心的真我

一个人的习惯往往会影响到一个人的性格，更进一步会影响到一个人的成功。通过对方的习惯，你会发现对方内心的一些东西，这些想法往往连对方都没有意识到，但是你却能够通过对方的习惯了解到对方的内心。

一种习惯，一种观念，一种人生

在生活中，你可能会养成这样或者是那样的习惯，不管是什么习惯，一旦形成就很难改变。如果你习惯了一种生活或者是一种做事的方法，你会自然而然地套用。有时候一种习惯也是一种信念，不同的习惯往往形成不同的信念，同样也会形成不同的人生。要想看出对方的内心世界，就要把握住不同人的人生信念，从而实现读心的目的。

习惯是一种力量，信念也是一种力量。如果形成一种习惯，那么也就会自然而然地形成一种信念，这种信念也会支撑着你为自己的人生而奋斗，那么这个时候，你的习惯往往会起到好的作用，你的信念往往也是十分的有意义。要想通过对方的习惯认识到对方的内心，就要分析对方的性格心理，不同的人有不同的心理特征，当然也就有不同的习惯和人生信念。

习惯如"水滴石穿，绳锯木断"。孔子说过："少成若天性，习惯如自然。"培根在《论人生》中便明确指出："习惯真是一种顽强而巨大的力量，它可以主宰人生。"凡事一旦成了习惯，就像机械运动的惯性，就像是硬化了的水泥模型，就像长江水东流去一样自然而难改。无论是好的习惯还是坏的习惯都是如此。从不同人对待同一件事的观念不同，而判断别人的性格和心理。从一个人对待人生的态度，来判断这个人是乐观还是悲观。

一个从事商业活动的人，往往实现自己的商业目的，就是他的人生信念，他们希望自己的公司越做越大，希望自己的财富越积越多，这就是对方的人生信念。而在习惯上的体现也往往是对方办事的节奏很快，不管做什么事，都喜欢衡量它的效率和价值，这样的人在生活中，也会十分地注意商业目的。所以说，与这样的人交往，需要的是观察对方的习惯，认识对方的目标，实现自我的识心。

一个没有信念的人，往往不会有自己的奋斗目标，但是要知道树立信念也不是随心所欲的，在生活中，适当的信念往往会促使你完成工作，让自己充满动力。人需要粮食给肉体提供能量的补给；人同样需要精神食粮给灵魂提供能量的补给。人的灵魂就是人的精神躯壳，需要用人的五官七窍来为其精神提供能量的供给。正如身体会产生病痛一样，精神也会有病痛，人的精神经常需要抚慰。

在生活中，一种习惯往往能够决定一个人拥有什么样的信念，如果一个人能够拥有一种信念做自己人生的支持，那么他的人生也将变得充满激情和动力。当然，不同的信念往往会有不同的人生，对于一个信念十分高尚的人来说，他的人生将变得丰富而有价值，如果一个人的人生信念是十分的简单，那么他可能失去奋斗的激情。所以说，要想让自己的人生充满激情，那么就要试着让自己有一个充满激情的信念，为了自己能够拥有这样的信念而培养自己的习惯。

要想养成自己的良好的习惯，就要学会把握自己的人生目标，要知道在很多时候一个人的人生目标往往是他们的信念。比如说当一个人给自己设定的人生信条是要比别人早起，比别人工作更加的勤快和积极，那么他就会养成早起的习惯，在生活中，他的人生也会变得充满动力，

习惯辨人法
——习惯暴露内心的真我

203

从他的这个习惯中，你就能看到他积极的内心，从而了解对方。

人生的信念往往是一个人前进的动力，同样的信念也是靠自己培养和树立的。当你看到一个人总是在更换着自己的信念或者是人生信条的时候，证明这个人是一个三心二意的人，不管做什么事情都是三分钟的热度，做事情也不能全身心地投入其中，对于这样的人，他们总是在更换人生信条中寻找快乐和自我的满足，而实际能够实现的愿望却是很少的。所以说，对于这样的人，不管是做事情还是思考问题，都缺乏一个完整的思维方式和长远性，同样他的眼光往往也不能从长远来考虑问题，目光短浅。

李泽厚是一个农民工，他观察到自己有钱的老板竟然喜欢抽很便宜的烟，开始他不明白原因，后来了解到老板的出身后才知道原因。自己的老板是农民出身，现在希望能够通过自己的努力，让自己的建筑公司成为全市最有名的公司，李泽厚辨别出这个时候，自己的老板一定希望身边多些勤奋的人，于是，经常在老板身边走动的李泽厚更加的勤奋，早出晚归。

后来，他的老板注意到他的勤快和踏实，渐渐地对他产生了好感，之后，他就被安排在了重要的岗位上，现在李泽厚成为了这家建筑公司的一名中层管理人员，他的勤快和诚恳得到了整个公司的认可。

通过这个例子可以看出一种习惯可以成就一个人的人生目标，最终也能够让这个人拥有不一样的人生。在生活中，一种习惯往往会决定一个人拥有怎样的目标，通过分析老板的目标和人生理念，李泽厚实现了自己的目的。通过一个人的习惯往往能够看出对方的人生理念和信念，且要善于从对方的理念和信条上来认识对方的内心世界，最终实现自己识心的目的。

不要小瞧习惯的力量，在生活中很多时候，一种习惯往往会成就一种人生，要想有不一样的人生，就要学会树立正确的信念，要知道一个人的信念在很多时候都是通过对方的习惯来形成的。由此可见，要养成良好的生活或者是工作习惯，从而树立自己的人生信念和信条，不要轻易地改变自己的人生信念。不一样的人生信念往往会有不一样的人生，从而可认识一个人的真实内心世界，最终实现识心的目的。

饮食习惯反映个人观念

有句俗语叫做"萝卜白菜各有所爱"，说的就是人各有自己的饮食偏好。事实上，正是由于人在性格特征上存在差异，人们喜欢的食物类型与口味才会各有不同。当然从不同的饮食偏好上我们能够看出一个人的个人观念和内心世界，因此，在与人交往的时候要注意对方的饮食习惯，从而达到识心的目的。

习惯辨人法
——习惯暴露内心的真我

205

饮食习惯往往是一个人内心世界的真实反映，在饮食上很多人都有着自己的喜好，从饮食习惯上可以看出一个人的真实性格。

(1) 不同主食偏好有着不同的性格

人们一般有自己喜欢的主食类型，有的人喜欢面食，有的人喜欢吃米饭，有的人则喜欢油炸食物等，这些不同的喜好往往与人不同的性格特征息息相关，那么这些不同的习惯能够反映出怎样的性格特点和观念呢？

在生活中，喜欢吃面食的人通常思维活跃，口齿伶俐，善于与人交际。在与人交往时往往很热情，常会凭感觉做事，而不去计较后果与得失，所以他们给你的感觉是十分的友好，同时性格也是十分的乐观，个人观念不是太强，这样的人是比较容易交往的。但是，这种人往往意志力不够强，没有坚强的耐力，容易因为他人而改变自己的想法，心理素质较差，在面对困难时往往会丧失信心，所以说他们不懂得在困难面前摆正自己的心态，更不懂得怎样去克服困难。

在生活中，喜欢吃油炸食物的人，往往具有很强的冒险精神，对一些稀奇的事情比较好奇，总是充满好奇心地去做一些事情，同时他们有抱负，有理想，事业心较强，都希望自己能够拥有自己的事业，做事情目标性比较强。但是由于心理素质不够强，当他们受到挫折时往往会灰心丧气，情绪起伏也是比较大的。比如说在生活中，遇到不顺利的事情就会马上灰心，只能够应付一些简单的事情，对于一些挫折是无法承受的。这种人大多开朗热情，好交往，但是易冲动，耐心和毅力都不够强，因此当他们遇到麻烦和困难时，往往会产生逃避退缩的想法。

在生活中，喜欢吃生冷食物的人尤其是喜欢把生冷的食物当做主食，这些人往往比较喜欢亲近自然，大多性格内向，喜欢独处，不愿与

206

别人交往，因此在别人眼里看来，他们难以接近。他们喜欢自然气氛，不习惯刻意做作。他们往往个性较强，有主见，做事认真果断，没有太强的表现欲望，相反，他们不喜欢刻意地表现自我。

在生活中，喜欢吃烤制品的人，他们往往上进心强，争强好胜，做事认真，善于思考，善于谋略，但是关键时候往往拿不定主意，显得犹豫不决，面对困难时心理素质较差。他们性格直爽，爱急躁，对人很热情，但往往不够温柔。

在生活中，喜欢吃煮或炖的食物的人大多性情温和，为人友善，待人亲切。能为他人考虑，容易与人相处，人际关系能够处理得很好，个人观念比较弱，做事也不喜欢张扬，表现欲望不强。他们想象力很丰富，但有时难免会脱离实际，当然爱幻想是他们共有的特点。

（2）不同口味背后的观念分析

人们不仅会有自己喜欢的主食类型，也会在口味偏好方面有所不同。而一个人的口味偏好往往也能够反映人们的性格特点。

喜欢吃清淡食物的人往往性格温和，亲切大方，交际能力强，因此他们的人缘往往比较好，在交际场上他们是"老好人"的代表。他们在工作中有着聪敏的头脑，思维敏捷，考虑事情比较全面，即使是遇到困难时也能坦然面对，心理素质较强。具有团队意识和组织理念，善于合作，但是独立性不强，做事容易犹豫不决，不够果断，缺乏自己的主见，没有领导才能，同时，做事情不讲究效率。

喜欢吃甜食的人多半热情开朗，待人温和，平易近人，容易与人交往，善于打交道，交际能力强，因此朋友也很多。但是习惯安于现状，容易满足，缺乏冒险精神，做事谨慎认真，能把事情处理好，但是性格不够坚强，责任心不够强，害怕承担责任。

习惯辨人法——习惯暴露内心的真我

207

喜欢吃酸味食物的人往往具有内向的性格，他们不善交际，有些孤僻，有时很执拗，不懂得变通，爱走极端。但是做事情有自己的目标，不喜欢半途而废。虽然上进心较强，却缺乏合作意识，常喜欢独立做事，不爱交往，因此朋友较少。

喜欢吃咸味食物的人在待人接物时彬彬有礼，性格稳重踏实，责任心强，他们大多具有聪明的头脑，善于思考，考虑问题很周全，做事有条理，很现实。为人过于冷静，以至于会让别人以为他们不够热情，事实上，他们并不是不够热情，而是对感情控制很强。

喜欢吃辣味食物的人做事认真且有魄力，为人热情，办事能力强，有主见，不易受人影响。他们往往个性刚强，即使是面对困难也不轻易屈服。不畏强权，却往往会因为对方的婉言相求动心。生活中他们追求完美，对自己要求高，对别人也很严厉，有时甚至到了苛刻的程度。

由此可见，人们不同的性格特点会在人们不同的饮食偏好中体现出来，同样不同的个人观念也会从不同的饮食偏好中反映出来。当我们留心观察对方的饮食偏好时，你就会在人们喜欢的食物类型及不同的口味偏好中搜寻到人们不同的心理与性格特征，从对方的饮食偏好中，我们能够看到对方的性格特点和个人观念，那么认识对方的内心世界也将不是一件难事。

慧眼识 心 法则

每个人都有自己的饮食偏好，而人的个人观念和性格特点往往会通过饮食的偏好表现出来。当人们向我们展示自己饮食偏好的时候，也就无意间向我们透露了他的性格特征，要想了解对方的真实内心世界也不会是一件难事，在很多时候，通过对方的饮食习惯了解对方的个人观念，往往有利于你交际成功和识人成功。

从个人卫生，看性格内涵

很多人十分注意自己的个人卫生，要知道自己的个人卫生往往也能够反映出一个人的性格，从对方的个人卫生上也能够反映出一个人的内心世界。因此，在交际的时候，要善于从对方的个人卫生上来分析对方的内心世界，了解对方的性格特点，最终实现自己识心的目的。

讲究个人卫生的人，往往能够正确地面对自己的生活环境，这样的人对自己的要求也是十分严格的，不管是在工作中还是在生活中，都能够从自身出发，从而找到事情的原因，即便在工作中出现错误，也能够总结自身的原因，从而克服错误，最终识心成功。

很多人讲究卫生，但是讲究卫生的侧重不同，有的人对自己的鞋子要求得比较高，不管是在什么时候总是会下意识地注意自己鞋子是否干净，鞋子的表面是否会有尘土。如果一位男士总是注意自己的鞋子，那表明这位男士是一个十分注意自己形象的人，不管是在什么时候，都十分注意自己的形象，同时也表明对方是一个严谨的人，做事情总是十分的认真，一点一滴都会做得很到位，这样的人往往注意细节，但是对大局无法正确掌握，在他们的心中，细节很重要。

有的人十分注意自己的衣着卫生，在他们看来自己的衣服是否干净，往往对自己的成功起着很大的作用。如果一个人的着装是不卫生的，往往会给别人留下不好的印象，当一个人十分注意自己的衣着整洁的时候，那么证明他是一个十分注意自己形象的人，在与人交往的时候很注意自己给对方留下的印象。同时证明他是一个爱面子的人，自尊心很强，不管做什么事情都要能够感觉到被人尊重，同时，他们注重细节，做事情认真谨慎，这样的人往往欠缺魄力。

有的人十分注意自己的头发卫生，他们总是喜欢天天洗头，甚至是一天洗两次，这样的人往往是一个生活上有一定洁癖的人，或多或少他们都会介意别人的某些生活习惯。比如说他们不喜欢自己家中的地板上留有其他人的头发，更不喜欢客人在自己打扫干净的卧室中活动，所以说当你遇到生活中有洁癖的人的时候就要理解对方，避免给对方造成一些困扰，更不要因为自己的习惯影响到别人。要知道一个有洁癖的人往往是一个比较仔细的人，不管是做什么事情，都会希望自己得到别人的认同，正因为这个原因，他们才会变得更加注重自己的形象。

有的人十分注重自己的牙齿卫生，他们习惯在出门之前，照镜子看看自己的牙齿上是否有脏东西或者是吃饭的饭迹，这样的人往往是一个能够从别人的角度出发认识问题的人，因为他们不希望因为自己一些不好的卫生习惯而影响到别人的心情，能够从对方的角度出发的人，才能够得到对方的信任。当你从你的朋友中，看到有人十分注意自己牙齿卫生的时候，要知道这样的人，往往是十分在意自己的健康的人，他们会时刻关注自己牙齿的健康，当发现牙齿有任何不健康的因素存在的时候，会十分的在意。所以说在交际中，要善于从这些习惯中，看透对方的内心世界。

一个善于识心的人往往会从对方的生活习惯或者是对方的卫生情况来了解这个人，在很多时候讲究卫生的人往往都是十分在意自己形象的人。在他们的心目中，讲究卫生的人往往能够在交际中给别人留下好的印象，从而使自己内心得到满足，这样的人做事有自己的想法，但是因为太过敏感，所以会常常产生不安全的感觉。

慧眼识 法则

　　讲究卫生和有洁癖是两个概念，不要将两者混为一谈。一个讲究卫生的人要比有洁癖的人善于交际，有洁癖的人往往会阻碍自己与别人的交往。一个讲究卫生的人也往往是一个内心缺乏安全感的人，在他们的内心世界中，希望得到别人的关注，所以说了解一个人的卫生情况，有助于你了解对方的性格。从讲究卫生的细节上，可以看出一个人的性格特点，不要小瞧卫生习惯，因为卫生偏好会让你看穿对方的性格癖好。

偏爱一个品牌，暴露对方的个性

　　在你的生活中一定有这样的人存在，他们买衣服总是认准一个牌子，不管是冬天的衣服或者是夏天的衣服总是会穿同一个牌子的衣服，或者是买鞋子总是会穿同一个牌子的，在他们的衣柜或者是鞋柜里，总是一个牌子的衣服，这就是一个人的偏好。如果这个时候你能够了解这个牌子的文化内涵，那么你也就能够了解对方的个性，从而也就能够了解对方的内心世界。

很多人都对某一个品牌有着自己的偏好，要知道这个时候，偏好一个牌子往往不是简单的因为喜欢，可能是因为自己的习惯，当一个人喜欢一个牌子的时候会很自然地去继续购买这个牌子的产品或者是服务，这个道理很简单，因为一个人的习惯往往能够支持这个人的消费观念或是生活观念。所以要想了解一个人的个性，从对方偏爱的牌子就能够看出来。

（1）喜欢外国牌子的人

喜欢外国牌子的人往往都有着一定的虚荣心，希望通过这些外国昂贵的产品凸显自己的地位或者是自己的个性，在这样的人的眼里，自己的面子很重要，不管做什么事情都希望凸显自己的与众不同，在他们的思想中，只有别人高看自己，他们内心才能够得到快乐，所以说虚荣心往往会支持他们去购买外国牌子。当然，也有例外，那就是为了保证质量，必须要购买外国产品，这样的情况说明对方购买外国产品的目的很简单就是为了使用，不是为了别的。所以说，从对方偏爱的品牌上就能够看出对方的内心。

（2）喜欢某个高端牌子的人

这样的人在生活中往往有着充实的物质生活，起码他的生活能够支持他购买这些高端的产品，所以在他们的思想中，购买这些高端的产品就是一种习惯，他们或许不会多想什么，目的就是为了使用，但是习惯了这种高端的产品，对于其他的产品就不太了解，这样一来，他在购买产品或者是服务的时候，就不会考虑其他的品牌，只会考虑这种牌子。所以说，喜欢购买高端品牌的人往往是一个不喜欢改变的人，他们内心是不喜欢自己的生活有大的变动的，喜欢现在的稳定，因此显得没有创新，在他们的生活中往往缺乏刺激。安逸的生活往往会让这样的人失去斗志，在生活中变得没有了前进的目标。

（3）喜欢某个个性的牌子

个性的牌子指的是那些一般人都不怎么喜欢，或者是大部分人都不感兴趣的东西，这样的人往往是有自己的主见的人，做事情有自己的主见，不喜欢听从别人的劝告，喜欢自己做主，个性上很独立，不习惯依赖别人，同时，做事情总是很直接和干脆，不喜欢犹豫不决。对自己决定的事情，永远不会后悔，即便自己选择的道路不够正确，他们相信自己的感觉，做事情总是显得很理智，同时也很感性。对于他们来讲，不喜欢做的事情是绝不会去做的，如果是自己喜欢的事情，他们会想尽办法去完成。这样的人，总是很自信地面对生活，在品牌的选择上也是十分的自信的，从来不会在乎别人的眼光，做事情比较随性。

（4）喜欢过时牌子的人

有的人十分地喜爱一个过时的旧牌子，这些产品对他不一定有使用价值，但是他们会不惜一切买到这样的东西，原因很简单，他们是一个比较恋旧的人，在他们的思想中，旧的牌子是最好的牌子，所以说他们舍不得舍弃这些牌子的产品。相反，在他们的眼中，旧的牌子往往是十分完美的，他们喜欢的东西往往是旧的，尤其是一些具有一定文化韵味的或者说是具有一些传统气息的东西，他们会很乐意地去购买。在他们的思想中，传统思想占据一大半。

(5) 喜欢流行牌子的人

这样的人往往是追赶时尚的人，他们喜欢走在社会的最前沿，喜欢一切新鲜的事物，在生活中，他们喜欢尝试新鲜事物，不喜欢故步自封。同时，他们从思想上是比较开放的，不喜欢那么多的规矩，做事情喜欢我行我素，不喜欢被约束。所以说，他们不在乎别人的眼光，在他们的眼中，自己决定的事情往往是不会改变的，即便是知道自己的决定有一定的偏差，他们也会努力地去实现，也不会轻易地改变。在生活中，这样的人的性格，往往十分的倔犟，做事情不喜欢听从别人的劝告，喜欢按照自己的感觉办事，所以说要想了解这样的人的性格，就要学会从对方喜欢的牌子入手。

一个善于识心的人，总是会从对方喜欢的牌子入手，从而来了解这个人的真实性格，虽然很多人没有单一喜爱的牌子，但是从对方生活中，某一方面常用的牌子上也能够看出对方的性格。一个有个性的人往往会通过自己使用的牌子来表现出来，在他们看来自己喜欢的牌子往往是十分重要的。

慧眼识 心 法则

要想全面地了解一个人的真实内心，就要学会从对方的所有方面去仔细地了解。当然在生活中，偏爱某个品牌的人有很多，但是如果你仔细地观察，也能够看出对方喜欢品牌的不同，从而掌握不同牌子背后的不同心理特点。很多时候，对某种牌子的偏爱就是自我特点的表现，通过牌子的特点往往能够让你看透对方的特点，从而更加地了解一个人的性格与内心。

214

抽烟，抽的也许是内心的寂寞

　　很多人都有抽烟的习惯，在抽烟的过程中，他们习惯将自己全身心地投入到吸烟的过程中，对于喜欢抽烟的人来讲，抽烟就是一种享受。但是要知道抽烟不是烟民的生理需要，而是对方的心理需要。从对方抽烟的举动或者说习惯可以看出对方的内心世界，在他们的内心中，或许是寂寞的，因为寂寞才选择抽烟，而不是因为喜欢烟本身而抽的。

　　抽烟的人很多，但是抽烟这个举动往往是习惯性的，俗话说抽烟也会上瘾，所以说很多时候，一个人习惯上抽烟往往是内心的需要。不要以为吸烟的人就是因为喜欢烟的味道，大部分是因为内心的寂寞，才让自己选择上这个有害身体健康的爱好和习惯。俗话说得好，烟是寂寞的伴侣，因此在一个人寂寞的时候选择抽烟往往也是正常的事情。

　　烟是调节心情的需要，在很多时候当人们遇事感到为难想办法处理时，就会选择抽烟。当一个人遇到困难的时候，他会选择边抽烟边想办法，很多人说烟是大脑的清醒剂，只有抽烟才能想出办法。或是感觉到内心的不愉快的时候，也会选择吸烟，吸烟可以排忧解难。常见有的人痛苦时，爱躲在一边抽闷烟；情绪激动时，还会连续猛吸烟。有人认为，吸烟可以使人在烟雾中思前想后，寻找种种自我解救的办法，使心境渐开。但是我们很常见的是，当一个人感觉到寂寞的时候，或者是一个人独处的时候，就会很自然地点燃一根烟，感觉只有吸烟才能让自己感觉到内心的安全，这样的人往往是缺乏安全感的人，在他们的内心中，希望得到友谊，希望交到知心的朋友，但是又不知道该怎么做。所以说，他们选择了寂寞地抽烟，让烟打消自己寂寞的感觉。

同时，内心的寂寞也往往会从对方吸烟的姿势上体现出来，首先从夹烟的方式上，夹在食指和中指的指尖上，这是常见的持烟方法。这样的人性情比较平静、踏实，爱表达自己，亲切自然。但是，不足之处在于容易随波逐流，缺乏决断力和意志力。同时也是寂寞的表现，当一个人寂寞的时候会将烟夹在食指和中指指尖，慢慢地吸着，他们不会在意时间的长短，而是希望自己能够让烟来陪伴。这样的人往往是一个比较现实的人，在他们的生活中，或许独处的时间会占到大部分时间。

其次，从吸烟的方式上也能够看出对方是不是因为内心寂寞才选择吸烟的。有的人在吸烟的时候，习惯狠狠地吸一口烟，然后深深地吐出烟雾，也会将吸进的烟放在嘴里憋气三四秒钟，这样的人往往是想借助吸烟来吐出自己内心的压力和寂寞，所以从对方喷烟的方式上也能够看出对方寂寞的内心世界。

再者，从对方抖烟的方式上也能够看出对方的内心变化，当一个人正抽得起劲，频繁地把烟灰抖到烟缸里。说明这样的人是做事比较认真的，即便烟灰很短，也要抖落。这样的人往往是寂寞的人，因为他们会感觉到无聊，只有抽烟、抖烟才能让他们感觉到有事情做。他们习惯将烟频繁地抖动，从而让自己获得更多的安慰。

最后，从对方掐灭烟的手势上也能够看到对方内心的空虚和寂寞。有的人习惯敲打烟头，把有火的部分在烟缸里弄灭。这样的人往往是做事情比较谨慎的人，一个做事情比较谨慎的人往往也会在寂寞的时候，将掐灭烟这个简单的事情分为三两个步骤来做。同时也能够看出这样的人是一个缺乏自己的主张的人，总想藏在别人的背后，附和他人。这样的人既有对自己要求完美的一面，也有不修边幅的时候，容易走两个极端。平日里很沉静，但行动起来非常迅速，常常让同事吃惊。

当然不是所有的人吸烟都是因为内心的寂寞，比如说有的人吸烟是为了舒缓自己内心紧张的情绪，当一个人处于紧张或异常兴奋，甚至是暴跳如雷时，吸上一支烟，会减少紧张感。许多人在焦躁不安时总爱点上一支烟，烟可以起到"镇静剂"的作用。

同时，烟的另外一个重要功能，就是交际。小小一支烟，胜过敲门砖，代价虽不大，作用却不小。酒与茶都是传统的交际之物，"茶交隐士，酒结豪侠"，但都不如烟。现代生活之所以丰富多彩、纷繁芜杂，烟的贡献之大难以估计。在平常的交往中，初次见面，敬一支烟表示对别人的尊重与礼貌。怀揣一包烟，可走遍天下。"相逢开口笑，递上一支烟"，实在是自然得很。有的人吸烟也有受同事、伙伴的影响，产生从众心理，模仿抽烟行为。有人认为烟民一般都比较合群，性情怪僻者少。一个人往往会因为交际而习惯上吸烟，因此不要认为这个时候的吸烟是内心的寂寞所致。

慧眼识 心 法则

吸烟的人之所以要吸烟，是为了短期的满足感、感官上的愉悦和社会友情。这种习惯一旦建立，吸烟者就会因为暗示和与吸烟有关的一些情况而继续吸烟。要知道吸烟是一种习惯而不是成瘾，很多人习惯在内心寂寞的时候抽烟，如果你能够分辨出对方是因为寂寞而抽烟还是因为交际或者是其他的需要而抽烟的时候，你也就能够实现自己识心的目的，从而认识对方的真实内心世界。

喝酒，喝的或许是内心的不快

酒是个很有意思的东西，有人说它勘称古今中外第一发明。你可以简单地认为酒是一种放大器，能让人的胆子变大，可令自卑畏缩的人变得胆气横生，也可让陌路途人几杯下来变成老友一般，既可让才子顿开茅塞，大发才情，也可让美人更加娇艳欲滴——所谓酒后吐真言，这时候往往能比较准确地把握平时矜持的女性的真正个性。而在当今的社会中，因为工作压力或者是来自社会上的压力很大，很多人喝酒的目的很简单，就是为了一吐自己内心的不快。

一个习惯喝酒的人，往往会将酒当做自己的朋友，在很多时候，喝酒就是一个人的愿望，在对方希望喝酒的时候，他们会毫不客气地不醉不归，在自己不想喝酒的时候，他们会将自己的不开心埋在心底，一般情况下，他们不会将自己不开心的事情讲出来，而只有在喝酒之后，才会发泄自己内心的不快。

首先，一个习惯借酒消愁的人，在平日的生活中，一般是一个比较稳重的人，或者说是一个不善于言语的人。这样的人在平日的生活中，即便是对某件事情或者是某个人再不满意，也不会说出半个字，也不会说出自己内心的不开心，更不会抱怨别人的不是和缺点，那么这样的人往往会借酒来发泄自己内心的不快。

同时，一个喜欢借酒消愁的人，往往在平日里是内心比较压抑的人，他们习惯了将自己的内心藏起来，习惯不表露自己的真实内心，而只有在喝酒之后才会自然地将积攒了很长时间的不满或者是怨气发泄出来。在平日里，他们不会抱怨别人，只会压制自己。所以说，这样的人往往是少言寡语的人，在酒后往往会凸显出另一面的个性，他们在喝完酒之后才会变得言多，才会表现出自己内心的压抑或者是不满。所以要想了解这样的人，在平时你只会了解到对方的少言寡语，而不会发现对方的另一面，只有在喝酒之后，你才会发现对方也是一个人有抱怨的人，也是一个善于言语的人。

再者，一个习惯在喝完酒后吐露自己内心不快的人，往往是一个性格比较内向的人，他们在平日里不善于交际，只有喝酒之后才能多一些言语。这样的人因为不善于交际往往知心的朋友不会过多，因此在生活中，也会或多或少的有些不快，而自己的不开心也没有人去诉说，当他们喝酒之后，会借酒消愁，吐出自己内心的不快。

最后，很多人会借酒来吐露自己的不满情绪，当一个人对自己的工作或者是领导不满意的时候，在工作中是不能讲出来的，但是内心有时会觉得十分的憋闷和不开心，如果讲出来就会得罪自己的领导或者是得罪自己的朋友，很多人都会选择在酒场上讲出自己内心的不开心，既能够达到让对方知道自己内心十分不满的情绪，同时也不会产生尴尬的场面，所以说他们会借酒来表露自己内心的不快。

既然喝酒有很多原因，那么怎样才能够通过喝酒来认识对方的内心世界，看出对方是不是因为不开心而喝酒呢？

习惯辨人法
——习惯暴露内心的真我

当一个人在喝酒的时候，总是想让自己喝醉，所以会喝快酒，那么从这样的举动可以看出对方是因为不开心而喝酒的，当一个人心情不好的时候，往往希望自己喝醉，然后忘记现在的不愉快，喝酒就是在麻醉自己，从而帮助你实现自己的交际目的。同样在很多时候，当你发现一个人喝酒很快的时候，往往是因为内心有不愉快的事情。如果你能够看到对方的这些内心变化，那么你就能够实现自己识心的目的，最终了解对方。

当一个人因为开心而喝酒的时候，那么在喝酒之前，对方一定是开心的，不管是说话或者是做事，都会表露得比较愉快，在喝酒的时候，也不会很快地喝酒，会让自己尽量少喝酒，同时，在喝酒的过程中，讲话会很多，而不开心的人，往往是很少说话的，或者是总喜欢保持沉默。

很多人喜欢喝酒，很多人习惯喝酒，而喜欢和习惯完全是不同的概念，在生活中，当一个人在不开心的时候，会选择喝酒，用酒精来麻醉自己。同时，因为社会压力的加大，很多人总是会在自己不开心的时候选择喝酒来为自己减压。所以说，喝酒是一种习惯，也是一种发泄内心不快的途径。通过喝酒来发泄自己内心的不快，往往是你看穿对方内心的最佳途径之一。

慧眼识 心 法则

酒，不仅仅是开心时的庆祝饮品，也往往会被当做是不快时的发泄物，通过对方不快时的喝酒习惯，往往会帮助你实现识心的目的。压抑的心情需要酒精来麻醉，同样很多内心的不爽不能跟他人表达，只能通过喝酒来发泄。由此可见，喝酒往往会成为发泄压抑心情和表达内心不快的途径，通过这个途径，你会实现自己的交际目的。

习惯打扫房间者的内心世界

在生活中，你会看到这样的人，他们总是习惯性地打扫房间，甚至有的人不把屋子收拾干净就不能安心干活，因为心里好像也随着乱糟糟的屋子变得烦躁不安，只有房间整洁有序心情才能归于平静。

在生活中我们经常会看到一些人总是习惯性地将自己的房间打扫得十分干净，不允许自己的房间有任何不整洁的现象，从对方这样的举动中，要学会看透对方的心理，因为爱打扫房间的人，往往是喜欢生活平静的人，他们不喜欢自己的生活有所改变，只希望能够一成不变地生活下去，了解对方的这些心理往往能够帮助你了解对方的内心世界，最终达到识心的目的。

一个习惯打扫房间的人，往往是一个在生活上有讲究的人，他们在生活中喜欢维持现状，不喜欢去冒险。同时，也不希望自己的生活出现杂乱无章的现象，所以对于这样的人来讲，生活往往会变得比较平淡，没有任何的奇迹出现，他们也不希望出现什么奇迹，他们就希望按部就班地生活，在工作的同时能够安静地生活。

同时，喜欢安静生活的人，或者说不习惯有改变的人，往往是一个没有野心的人，或者说他没有魄力去做事，而是安于现状。他们对于目前的生活往往是很知足的，不希望改变什么，所以说在生活中，他们安于平静。没有魄力和没有远大的目标往往是这样的人的共有特点。

一个习惯打扫房间的人，往往对自己有着一定的要求，即便自己没有远大的目标，但是在某些方面，他们又有自己的想法，所以说在生活中，他们又有自己的想法，很多时候，他们会按照自己的意愿办事情，在事情的处理方面，他们习惯了做一些自己习惯做的事情，而对于自己不习惯做的事情，他们会避免去接触。因此，他们的生活面会显得比较狭窄，不管是在生活中，还是在工作中，他们往往只是关注自己这一块的空间，对于超出自己空间范围之内的事情，是不会过多地去考虑的。在生活中，要善于了解这样的人的内心世界，只有这样你才能够更好地认识对方，最终实现自己的识心目的。

习惯打扫房间，不允许自己房间有任何凌乱的人，往往做事情有自己的原则，他们不会随便去做任何事情。不管做什么事情，他们都有自己的要求，对自己做的每件事情都会有一定的要求，同时，他们也不会习惯看一些人不顾及自己，而做出一些没有规矩的事情，所以说在生活中，他们总是习惯拿要求自己的标准来要求别人，这样对他们的交际是十分不利的。所以说，当你遇到这样的人的时候，要善于理解对方的这种心理，只有这样你才能真正地走进对方的内心，获得对方的认可，最终实现自己的交际目的和识心目的。

习惯打扫自己房间的人，很多都是十分顾家的人，这样的人多半是女性。打扫房间的卫生往往是在意自己家庭的表现，所以说在生活中当你看到一位女士习惯打扫房间卫生的时候，就要意识到对方可能是一个比较顾家的人，因此和对方交往的话题最好是放在家庭方面，这样对你们的交流是十分有帮助的。

郝丝雨是一家大型企业的员工，在她的办公桌上你很少会发现凌乱

的现象。后来，在一次开会的时候，是她打扫的会场，这个时候同事们发现她打扫会场十分地认真，并且打扫得十分干净。

后来这件事情被领导看在了眼里，发现她是一个做事很认真谨慎的人，在后来的工作中，只要是开会，会场都是由郝丝雨来打扫，整理一些复杂或者是详细的资料与档案的时候，领导们也是点名让郝丝雨来做这些工作，通过对郝丝雨的观察，领导们发现，她是一个比较细心的人，在以后的工作中，对她十分的信任。

郝丝雨正是通过细节上的仔细才让她得到了领导的赞赏，最终能够得到领导们的信任。由此可见，要想让自己拥有机会，就要细心地对待自己身边的事情，最终养成细心的习惯。

要想达到识心的目的，就要善于从对方的小习惯去分析对方的内心世界，要分析对方习惯打扫房间的动机，要知道很多时候打扫房间的动机也是有一定差异的，有的人习惯打扫房间是因为喜欢整洁，有的人却是因为希望让自己的心情变好。所以说，分析对方的动机，就是在分析对方的内心，也才能够真正地了解对方的内心世界。

慧眼识 心 法则

要想真正地了解一个人的内心世界，就要善于分析对方的习惯，从对方的习惯中认识对方的内心世界。当你发现一个人总是习惯性地打扫自己的房间的时候，你就要看到对方可能是一个比较细心的人，也可能是一个比较爱生活的人。通过一种简单的习惯，就能看到对方的内心世界，最终让你更加地了解对方。

习惯性的微笑，或许是在掩饰内心

　　一个人善于用微笑来对待周围世界和周围人物，他会拥有更加广泛的交际圈。一个善于微笑的人，总是给人一种很强的亲和力，他人会很自然地去接近你，从而拉近你与他人之间的距离。同时，发现一个人总是习惯性地微笑，不管对谁对什么事情都会持微笑的态度。那么这个时候，你就要考虑对方是不是在用微笑来掩盖自己的真实内心世界，要知道微笑往往能够掩盖一个人的真实内心，并且你很难发现对方的真实内心。

　　如果说，有一种力量可以让人坚韧不拔，那便是微笑的力量；如果说，有一种力量可以让人充满自信，那便是微笑的力量；如果说，有一种力量可以让人心头一暖，那便是微笑的力量。在交际的过程中，微笑往往是你获得机遇的钥匙，很多时候你的成功就是因为你的微笑，微笑的人获得的不仅仅是别人的微笑，不仅仅要用微笑待人，更要学会分析对方微笑的面孔之下的真实内心世界，要知道在很多时候，一个人的微笑是为了掩盖自己的真实内心，而不是为了给别人留下好的印象。

　　习惯性微笑的人，往往很多都是职业要求。这种微笑往往是一种形象特征，而不能够代表着对方的内心需求。在很多时候，如果你能够认识到对方的内心特点，认识到对方微笑的含义，那么你也就能够实现自己识心的目的。

　　一个习惯性微笑的人，往往是一个少言语的人，他们往往在感觉到尴尬或者是不知道怎么样回答对方的问题的时候，选择对对方微笑，这个时候，自然而然地会化解人与人之间的尴尬情景，同时也能够避免自己说错话而影响到对方的心情，所以说他们会选择微笑。对于这样的人，你是很难明白他们内心的想法的，更不会知道他们到底希望你去怎么做，如果你能够结合当时的情景或者是当时发生的事情，那么你或许会发现对方的真实想法。

　　微笑是最好的名片，不要总是不苟言笑地面对工作，工作没有那么严肃；不要总是那么压抑地面对生活，生活需要你微笑着来过。当你运用微笑时，你会发现工作和生活都是那么的轻松，一切都会变得那么的自信，当你看到对方微笑的时候，你自然会感受到对方的热情和自信，在很多时候这就是对方内心的表达。但是要知道一个人的微笑有的时候是起不到正面的作用的，尤其是当一个人习惯性地微笑的时候，因为习惯性的微笑往往会让其他人感受到不可信赖，一个习惯性微笑的人，往往是在掩盖自己内心的不快，或者是掩盖自己内心，所以说习惯性的微笑不是内心的真实表达，往往是为了掩盖自己的真实想法和内心的表现。

　　一个人习惯性地微笑，往往是为了掩盖自己内心的伤痛或者是不快。当一个人伤心的时候，他不希望自己内心的痛楚被别人知道，这个时候他们会选择微笑来应对别人的询问。因为他们不想说话，不想讲出自己内心的不快。所以这样的人往往都是内心比较坚强的，同时也是少言寡语的人，他们不希望自己的事情影响到别人，更不希望自己的伤痛被别人知道，他们不需要别人过多的安慰，即便是别人的安慰，也无法让他们实现自己内心的平衡，所以他们宁可选择自己承担，用微笑来让别人感受到自己的愉快，从而不影响到别人的心情。

习惯性的微笑有时候也是头脑空洞、知识匮乏的表现，当一个人不知道怎么样回答对方的问题或者是遇到自己不知道的事情的时候，他们就会选择主动地微笑，用微笑来掩盖自己的不懂或者是无知。这个时候如果你能够发现对方的这个举动，那么你也就能够认识到对方内心的真实想法，从而实现识心的目的也就不是一件难事。

当你发现一个人总是在不同的环境下，都是以微笑来处理事情和面对他人的时候，你就要意识到对方的微笑并非是发自内心的。当你发现一个人在微笑之后，不言语，总是保持沉默，那么这个时候你也就能够断定对方的微笑是在掩盖自己的内心世界。一个内心空洞的人往往也会选择微笑来应对别人的刁难，因为微笑往往是化解内心紧张的最好的外在处理方式。如果你能够辨别出对方是否是真实的微笑的时候，你也就能够认识到对方的真实内心世界。

慧眼识 心 法则

不要以为微笑就是表达内心的开心，因为习惯性微笑的人往往有着缜密的思维，你根本不知道他内心到底在想些什么，他们会用微笑来伪装自己的内心，让你看不穿对方的真实思想，这样一来你根本不知道如何来接近对方，更谈不上认识对方真实的内心世界。因此，在交际的时候，要知道对方是发自内心的微笑还是想用微笑来掩盖自己真实的内心世界，如果你能够分清这些，那么你也就能够实现自己识心的目的。

本章小结

　　一个善于识心的人，会从对方的习惯来分析对方的内心，从而获得更多的信息，最终了解对方的真实想法和内心世界。要知道一种习惯往往会形成一个人的不同的性格，从而形成一种异样的人生，所以说要善于从对方的习惯入手，了解对方的性格特点，最终了解对方的真实内心世界。

　　那么从哪几方面来了解一个人的真实内心世界呢？首先，要从对方的饮食偏好上来了解对方的真实内心，同时要从对方的个人卫生上来了解一个人的性格特点；再者，从对方喜爱的品牌上也能够了解一个人的真实内心世界；最后从对方的抽烟、喝酒的习惯上来了解对方内心的寂寞和不快。只是了解这几点还远远不够，还要知道对方为什么习惯性地微笑，这些都是十分重要的。

习**惯辨人法**
——习惯暴露内心的真我

227